发现科学世界丛书

太空知识与技术

邬全俊　于　涉　编著

吉林人民出版社

图书在版编目（CIP）数据

太空知识与技术 / 邬全俊, 于涉编著. -- 长春：
吉林人民出版社, 2012.4
　（发现科学世界丛书）
　ISBN 978-7-206-08769-1

Ⅰ.①太… Ⅱ.①邬… ②于… Ⅲ.①宇宙学 – 青年
读物②宇宙学 – 少年读物③航天科技 – 青年读物④航天科
技 – 少年读物 Ⅳ.①P159-49②V1-49

中国版本图书馆CIP数据核字(2012)第068498号

太空知识与技术

TAIKONG ZHISHI YU JISHU

编　　著：邬全俊　于　涉
责任编辑：关亦淳　　　　　　封面设计：孙浩翰
吉林人民出版社出版 发行（长春市人民大街7548号　邮政编码：130022）
印　　刷：北京一鑫印务有限责任公司
开　　本：670mm×950mm　　1/16
印　　张：13　　　　　　　字　　数：174千字
标准书号：ISBN 978-7-206-08769-1
版　　次：2012年4月第1版　　印　　次：2021年8月第2次印刷
定　　价：45.00元

目录 CONTENT 1

目录
CONTENT 2

目录 CONTENT 3

宇宙的混沌初开

几乎各民族都有古老的关于宇宙和万物起源的传说。在我国就有盘古氏开天辟地的神话，封建社会的蒙学读本《幼学琼林》一开始就说："混沌初开，乾坤始奠，气之轻清上升者为天，气之重浊下凝者为地。"

根据现在的观测和理论推断认为，我们所在的宇宙起源于约150亿年前的一次大爆炸。那时也可以说是混沌初开。而这次大爆炸起点的状态是当今天文学、物理学研究的热点。现代科学家认为，在最原始状态下电磁作用、弱相互作用、重力作用都是统一的，在大爆炸的一瞬间开始，重力场、电磁场相继独立出来，此后才由原物质形成质子和中子，随着宇宙物质的进一步演变生成现有的原子核和原子。我们的银河系大约在100亿年前形成。

现在已经知道我们的宇宙是一个阶梯式的宇宙，恒星组成星系，一些星系组成星系团，各星系团又组成我们观测到的宇宙——总星系。如今膨胀的大爆炸宇宙模型更好地解释了宇宙产生的状态。

现在的问题是在大爆炸前宇宙是什么形态，如果在大爆炸的那一瞬间把时间作为零的话，那负时间宇宙会处于什么状态？再就是我们所处的宇宙膨胀有没有尽头。这就有两种模型，一是无限膨胀，终于完全散开了去；一是膨胀到了极限又会收缩，也许会又缩回到原始的致密状态，这一切还有待天文学家们进一步观察研究。

宇宙是有限还是无限的呢？答案是无限的。我们目前用哈勃望远镜已经观测到120亿光年远的天体。但这只是我们目前认识的前缘，并不是宇宙的极限。在我们的宇宙体系外肯定还有别的宇宙体系。正像古代哲学家说的：宇宙是大小相含，无穷无尽，宇宙之外还会有更大的体系。只是目前我们的认识暂时还难以达到而已。

地球在宇宙中的位置

　　地球是太阳系八大行星之一，国际名称为"盖娅"(希腊神话中的大地之神，是所有神灵中德高望重的显赫之神，也是希腊神话中最早出现的神)。至今，西方人仍然常以"盖娅"代称地球。按离太阳由近及远的次序数是第三颗。它有一颗天然的卫星——月球，二者组成一个天体系统——地月系。

　　曾经有一个很长的时期，人们认为地球是宇宙的中心，一切天体都绕着地球运行。直到1543年，哥白尼的《天体运行论》发表，"日心学说"创立，这个错误观念才逐渐被抛弃。但是无限广大的宇宙根本不存在中心。太阳只是太阳系的中心。而太阳在银河系中，又只不过是旋涡臂上的一个小点，一颗普通的恒星罢了。地球则只是太阳系中一颗普通的行星。日地平均距离为 $14\,960 \times 104$ 千米，这个数字被确定为一个天文单位。地球并不是孤立地存在于宇宙空间的，它和其他天体之间有着密切的联系并相互影响。例如，地球表面以太阳辐射能为最主要的热量来源；海、陆、大气和有机体中的许多过程，都以这种辐射能为基本动力。水能、风能都是由太阳能转化来的。当今地球上最重要的能源——煤和石油，则是长期积累的化石化了的太阳能。太阳还把各种带电粒子流传送到地球上。具有极高能量的宇宙线，从宇宙空间侵入地球的大气上层，对地球上的极光、磁暴以及大气中的某些气体分子从分子状态转变为离子状态等一系列现象，都产生影响。陨石从星际空间落到地球上，或地球大气外层的气体质点扩散到星际空间，都表明地球与星际空间存在着直接的物质交换。至于地球在月球和太阳引力的作用力的影响下形成潮汐，以及大气和地壳的弹性变形，就更为人们所熟知了。

宇宙大爆炸理论

　　一个理论的产生往往要以人们大量的社会实践为基础，经过反复验证而形成。但宇宙大爆炸的理论却是天文学家和电讯专家们在经常不断的偶然发现中确立和产生的。

　　宇宙天体愈远向外飞逝速度愈快的天文现象，预示着宇宙在不断地向外膨胀。对于此种巨大的天文之谜，科学家们一时没有恰当的理论来解释它，一些天文学家和物理学家提出了较为合理的宇宙膨胀说和宇宙爆炸理论。其理论认为：整个宇宙起源于一个高温、高密度的"原始火球"的大爆炸，火球爆炸而向外膨胀过程中，产生的各种元素就形成了今天宇宙间的各种物质，逐渐凝聚形成星云，再演化为各种天体。由于大爆炸后宇宙中原初辐射达到热平衡，至今宇宙间还残存着均匀而微弱的背景辐射。为了验证这种学说，20世纪60年代初，美国普林斯顿大学的射电天文学家 R·H·迪克等人建造了一架天线，努力探寻背景辐射。也许天线灵敏度不够或其他的什么原因，未能寻到这种背景辐射。

　　踏破铁鞋无觅处，得来全不费功夫。迪克没有寻找到的宇宙背景辐射，却被搞卫星通信装置的两位年轻工程师彭齐斯和威尔逊发现了。

　　1962年，美国贝尔实验室研制成功发射了世界上第一颗国际通信卫星"电信星1号"。第二年，贝尔实验室的两位青年工程师彭齐斯和威尔逊在装置卫星通信用的天线以提高其灵敏度时，发现总有原因不明的"噪声"干扰。他们经过反复测试，觉察到这是一种消除不掉的噪声辐射，相当于绝对温度2.7K左右。而且这种微波辐射在天空各个方向上都是强度相等的，不随季节而变化。显然这不是来自某些天体的特定的辐射，而只能是一种宇宙辐射。这个发现打破了人们以前认为的广阔星系际空间是绝对空虚，不可能有任何能量辐射，温度只能是绝对零度（相当于-273℃）的传统观念。

由于这两位工程师当时还不知道宇宙大爆炸理论，一时对这种宇宙辐射现象疑惑不解。次年春，彭齐斯向麻省理工学院一位科学家偶然谈起这个不解之谜，那位科学家说，迪克小组正在探索这个问题。彭齐斯得知了这一意外发现的重大科学理论价值，喜出望外，立即与迪克小组进行了互访。经研究进一步确认，这个3K宇宙背景辐射就是"原始火球"大爆炸后的残余辐射。后来，彭齐斯和威尔逊因此项发现而荣获诺贝尔物理学奖。

宇宙中的天体

几千年以来，天上的星辰虽然遥不可及，却早已吸引了我们祖先的注意，所以天文学才成为最古老的科学之一。人类对于星体曾经有着幼稚的认识，认为星体只是点缀在无边无际的夜幕上的亮点而已。

天体是宇宙间各种星体以及存在于星际空间的气体和尘埃等所有物质的总称。包括：恒星（如太阳）、行星（如地球）、卫星（如月亮）、彗星、流星体、陨星、小行星、星团、星系、星际物质等。天体在大小、质量、光度、温度等方面存在着很大差异。

恒星是天体中的主体。一般认为，由炽热的气体组成的、自身会发光发热的球状或类球状天体称为恒星。太阳就是一颗恒星，除了月亮和行星，我们在夜晚所见的众星都是恒星。恒星并非恒定不动，只是因为距离我们实在太遥远，不借助特殊工具和特殊方法，很难发现它们在天球上的位置变化，因此古代人把它们叫做恒星。

行星指绕恒星运行、自身不会发可见光的天体。一般来说，人们只能看到太阳系内的行星。目前，有天文学家已经发现一些太阳系外的行星。例如：大熊座47有1颗行星，仙女座的V星有3颗行星。

卫星指绕行星运行、自身不会发可见光、其表面反射恒星光而发亮的天体。至今人们仅观察到太阳系内的卫星共有90余颗。

彗星主要由冰物质组成，沿椭圆或抛物线和双曲线轨道绕恒星运行。当靠近恒星时，因冰物质受热熔化，蒸发或升华，拖出长长的尾巴。

流星体指绕恒星运行的、质量较小的天体，其轨道千差万别。在太阳系中有些流星体是成群的，称为流星群。当流星体进入地球大气层时，由于速度很快，与地球大气层摩擦生热燃烧发光，形成明亮的光迹，称为流星现象。

星云指银河系空间气体和微粒组成的星际云。一般它们的体积和质量较大，但密度较小，形状不一，亮暗不等。以形态可分为弥漫星云、行星状星云、超新星爆发后残留的物质云和暗黑的球状体。过去在星云性质不清楚之前，把星云分为河内星云和河外星云两种，河内星云实质就是"星云"，是银河系内的星际物质；河外星云就是现在说的河外星系，简称"星系"。

星际物质与恒星之间的空间非常广阔，但不是一无所有的真空，而是充满了形形色色的物质，这些物质统称为星际物质。星际物质包括星际气体和星际尘埃。星际气体包括气态原子、分子、电子和离子等。星际尘埃是指直径很小（约十万分之一厘米）的固态物质，它们弥散在星际气体之中，大约是星际物质总质量的10%。星际尘埃包括冰状物、石墨和硅酸盐等混杂物。

宇宙的层次

从哲学的观点来看，人们认为宇宙是无始无终、无边无际的。不过，对这个深奥的概念我们不打算做深入的探讨，还是留给哲学家们去研究。我们不妨把眼光缩小一些，讲一讲利用我们现有的科学技术所能了解和观测的宇宙，人们把它称为"我们的宇宙"或"总星系"。

行星是最基本的天体系统。太阳系中共有 8 颗行星，它们是水星、金星、地球、火星、木星、土星、天王星、海王星（冥王星目前已被从行星里开除，降为矮行星）。除了水星和金星之外，其他的行星都有卫星绕着它们运转，地球则有一个卫星，那就是月球，土星的卫星是最多的，已确认的就有 26 颗。

行星、小行星、彗星和流星体都围绕中心天体太阳运转，构成太阳系。太阳系的大小约为 120 亿千米（以冥王星作边界），太阳占太阳系总质量的 99.86%，其直径约为 140 万千米，最大的行星——木星的直径约为 14 万千米。由于人类的好奇心不满足于太阳系，经过不懈地探索，证明了在这个神秘的太阳系之外还存在着其他的行星系统。2 500 亿颗类似太阳的恒星和星际物质构成更巨大的天体系统——银河系。银河系中大部分恒星和星际物质集中在一个扁球状的空间内，从侧面看很像一个"铁饼"，正面看上去则呈旋涡状。银河系的直径约 10 万光年，太阳位于银河系的一个旋臂中，距银心约 3 万光年。银河系外还有许多类似的天体系统，称为河外星系，常简称为星系。现已观测到的星系大约有 10 亿个，星系也聚集成大大小小的集团，叫星系团。平均而言，每个星系团约有百余个星系，直径达上千万光年。

如今科学家们已经发现了上万个星系团。包括银河系在内的约 40 个星系构成的一个小星系团叫本星系群。若干星系团集聚在一起构成更大、更高一层次的天体系统叫超星系团。超星系团往往具有扁长的外形，其长径可达数亿光年。通常超星系团内只含有几个星系团，只有少数超星系团拥有几十个星系团。本星系群和其附近的约50个星系团构成的超星系团叫做本超星系团。目前天文观测范围已经扩展到200亿光年的广阔空间，人们把它称为总星系。

宇宙年龄的推算

跟生物一样，宇宙也是有年龄的，宇宙年龄是宇宙从某个特定时刻到现在的时间间隔。对于某些宇宙模型，如牛顿宇宙模型、等级模型、稳恒态模型等，宇宙年龄没有意义。在通常的演化的宇宙模型里，宇宙年龄指宇宙标度因子为零起到现在时刻的时间间隔。通常，哈勃年龄是宇宙年龄的上限，可以作为宇宙年龄的某种度量。根据大爆炸宇宙模型推算，宇宙年龄大约150亿年。

科学家是如何推算宇宙年龄的呢？

科学家利用望远镜观察最老的星球上的铀光谱，从而估计宇宙的年龄。科学家对宇宙的年龄有不同的估计，根据不同的宇宙学模型，科学家估计宇宙的年龄是介乎100亿至160亿年之间；2001年科学家利用南欧洲天文台的望远镜，观察一颗称为CS31082-001的星球，量度星球上放射性同位素铀-238的光谱，从而计算出这星球的年龄是125亿年，这个估计的误差大约为30亿年，就是说，宇宙的年龄至少有125亿年，这是科学家第一次对太阳系以外铀含量的研究。

科学家解释说，这个方法和在考古学上使用碳-14同位素量度物质的年龄一样，铀-238同位素的半衰期是44.5亿年；半衰期是放射性元素自动蜕变成为其他元素。

科学家指出，在宇宙开始时，大爆炸会产生氢、氦和锂等元素，而比较重的元素是在星球内部产生，当大质量星球死亡时，含有重元素的物质会散布到周围的空间，然后和下一代的星球结合；其实，地球上的黄金也是从爆炸了的星球而来的。

因此，越老的星球上的重元素也会越少，科学家认为，一些比较老的星球的重元素含量，只有太阳的1/200。科学家曾经尝试利用钍-232同位素来估计宇宙的年龄，钍是一种放射性金属元素，与中子接触时会引起核分裂，产生原子能源，不过，钍的半衰期是140亿零500万年，半衰期比铀-238长，因此，估计的误差也比较大。

宇宙中的红移现象

所谓红移，最初是针对机械波而言的，即一个相对于观察者运动着的物体离得越远发出的声音越浑厚（波长比较长），相反离得越近发出的声音越尖细（波长比较短）。

后来，美国天文学家哈勃把一个天体的光谱向长波（红）端的位移叫做多普勒红移。通常认为它是多普勒效应所致，即当一个波源（光波或射电波）和一个观测者互相快速运动时所造成的波长变化。美国天文学家哈勃于1929年确认，遥远的星系均远离我们地球所在的银河系而去，同时，它们的红移随着它们的距离增大而成正比地增加。这一普遍规律称为哈勃定律，它成为星系退行速度及其和地球的距离之间的相关的基础。这就是说，一个天体发射的光所显示的红移越大，该天体的距离越远，它的退行速度也越大。红移定律已为后来的研究证实，并为宇宙膨胀的现代相对论宇宙学提供了基石。20世纪60年代初以来，天文学家发现了类星体，它们的红移比以前观测到的最遥远的星系的红移更大。各种各样的类星体的极大的红移使我们认为，它们均以极大的速度（即接近光速的90%）远离地球而去；还使我们设想到，它们是宇宙中最遥远的天体。

换句话说，由于多普勒红移现象的存在，从这个意义上来讲，宇宙不是无限的，而是有限的，即天体红移的速度等于光速的地带就是宇宙的边缘和界限了，超过了这个界限，也就超过了光速，光线也就因此永远无法达到我们的视界，那就不是我们这个世界了。

现在，根据科学测定，宇宙的年龄大约是150亿年，这个既是它的年龄（时间），其实也是它的空间长度，即150亿光年是我们观察太空理论上能达到的最远距离了，我们现在看到的距离地球150亿光年的地方恰恰就是宇宙诞生时的镜像。150亿年前，在大爆炸的奇点，时间和空间获得的最完美的统一，那一点（或那一刻）即是我们整个宇宙的开端。

光是由不同波长的电磁波组成的，在光谱分析中，光谱图将某一恒星发出的光划分成不同波长的光线，从而形成一条彩色带，我们称之为光谱图。恒星中的气体要吸收某些波长的光，从而在光谱图中就会形成暗的吸收线。每一种元素会产生特定的吸收线，天文学家通过研究光谱图中的吸收线，可以得知某一恒星是由哪几种元素组成的。将恒星光谱图中吸收线的位置与实验室光源下同一吸收线位置相比较，可以知道该恒星相对地球运动的情况。

超出想象的引力源

在浩瀚神秘的宇宙中，黑洞是密度超大的星球，有巨大的引力，吸纳一切。黑洞中隐匿着巨大的引力场，这种引力大到任何东西，甚至连光，都难逃黑洞的手掌心。黑洞不让任何其边界以内的任何事物被外界看见，这就是这种物体被称为"黑洞"的缘故。

遗憾的是我们无法通过光的反射来观察它，只能通过受其影响的周围物体来间接了解黑洞。虽然这么说，但黑洞还是有它的边界，即"事件视界"。据科学家们猜测，黑洞是死亡恒星的剩余物，是在特殊的大质量超巨星坍塌收缩时产生的。另外，黑洞必须是一颗质量大于钱德拉塞卡极限的恒星演化到末期而形成的，质量小于钱德拉塞卡极限的恒星是无法形成黑洞的。

黑洞其实也是个星球（类似星球），只不过它的密度非常非常大，靠近它的物体都被它的引力所约束，不管用多大的速度都无法脱离。对于地球来说，以第二宇宙速度来飞行就可以逃离地球，但是对于黑洞来说，它的第二宇宙速度之大，竟然超越了光速，所以连光都跑不出来，于是射进去的光没有反射回来，我们的眼睛就看不到任何东西，只是黑色一片。

一些科学家认为光的速度比黑洞慢，所以被吸进去，当速度比黑洞快时就可以穿过黑洞边缘。

黑洞是存在的，只是它没有办法被我们人类观察到，只能用射线察觉它的存在。

黑洞无疑是本世纪最具有挑战性、也最让人激动的天文学说之一。许多科学家正在为揭开它的神秘面纱而辛勤工作着，新的理论也不断地提出。

多维的宇宙

很多人都想知道宇宙到底是什么样子的。

但是目前对待这个问题谁也没有一个准确的回答，但是值得一提的是史蒂芬·霍金的观点比较让人容易接受：宇宙有限而无界，只不过比地球多了几维。比如，我们的地球就是有限而无界的。在地球上，无论从南极走到北极，还是从北极走到南极，你始终不可能找到地球的边界，但你不能由此认为地球是无限的。实际上，我们都知道地球是有限的。地球如此，宇宙亦是如此。

然而怎么理解宇宙比地球多了几维呢？

举个例子来说：一个小球沿地面滚动并掉进了一个小洞中，在我们看来，小球是存在的，它还在洞里面，因为我们人类是"三维"的；而对于一个动物来说，它得出的结论就会是：小球已经不存在了，它消失了。为什么会得出这样的结论呢？因为它生活在"二维"世界里，对"三维"事件是无法清楚理解的。同样的道理，我们人类生活在"三维"世界里，对于比我们多几维的宇宙，也是很难理解清楚的。这也正是对于"宇宙是什么样子"这个问题无法解释清楚的原因。

均匀的宇宙

布鲁诺认为，宇宙没有中心，恒星都是遥远的太阳。无论是托勒密的地心说还是哥白尼的日心说，都认为宇宙是有限的。教会也支持宇宙有限的论点。但是，布鲁诺居然敢说宇宙是无限的，从而挑起了宇宙究竟有限还是无限的长期论战。这场论战并没有因为教会烧死布鲁诺而停止下来。主张宇宙有限的人说："宇宙怎么可能是无限的呢？"这个问题确实不容易说清楚。主张宇宙无限的人则反问："宇宙怎么可能是有限的呢?"这个问题同样也不好回答。

随着天文观测技术的发展,人们看到,确实像布鲁诺所说的那样,恒星是遥远的太阳。人们还进一步认识到,银河是由无数个太阳系组成的大星系,我们的太阳系处在银河系的边缘,围绕着银河系的中心旋转,后来又发现,我们的银河系还与其他银河系组成更大的星系团。

有限而无边的宇宙

爱因斯坦在1915年发表广义相对论,1917年就提出一个建立在广义相对论基础上的宇宙模型。这是一个人们完全意想不到的模型。在这个模型中,宇宙的三维空间是有限无边的,而且不随时间变化。以往人们认为,有限就是有边,无限就是无边。爱因斯坦则把有限和有边这两个概念区分了开来。

爱因斯坦计算出了一个静态的、均匀各向同性的、有限无边的宇宙模型。一时间大家非常兴奋,科学终于告诉我们,宇宙是不随时间变化的、是有限无边的。看来,关于宇宙有限还是无限的争论似乎可以画上一个句号了。

史蒂芬·霍金的宇宙观

史蒂芬·威廉·霍金曾先后毕业于牛津大学和剑桥大学,并获剑桥大学哲学博士学位。他之所以在轮椅上坐了46年,是因为他在21岁时就不幸患上了会使肌肉萎缩的卢伽雷氏症,演讲和问答只能通过语音合成器来完成。他是英国剑桥大学应用数学及理论物理学系教授,当代最重要的广义相对论和宇宙论家,是20世纪享有国际盛誉的伟人之一,被称为在世的最伟大的科学家,还被称为"宇宙之王"。1942年1月8日生于英国牛津的霍金刚好出生于伽利略逝世300周年纪念日之时。20世纪70

年代他与彭罗斯一起证明了著名的奇性定理，为此他们共同获得了1988年的沃尔夫物理奖。他因此被誉为继爱因斯坦之后世界上最著名的科学思想家和最杰出的理论物理学家。他还证明了黑洞的面积定理，即随着时间的增加黑洞的面积不减。这很自然使人将黑洞的面积和热力学的熵联系在一起。1973年，他考虑黑洞附近的量子效应，发现黑洞会像黑体一样发出辐射，其辐射的温度和黑洞质量成反比，这样黑洞就会因为辐射而慢慢变小，而温度却越变越高，它以最后一刻的爆炸而告终。黑洞辐射的发现具有极其基本的意义，它将引力、量子力学和统计力学统一在一起。

1974年以后，他的研究转向量子引力论。虽然人们还没有得到一个成功的理论，但它的一些特征已被发现。例如，空间—时间在普郎克尺度下不是平坦的，而是处于一种泡沫的状态。在量子引力中不存在纯态，因果性受到破坏，因此使不可知性从经典统计物理、量子统计物理提高到了量子引力的第三个层次。

2004年7月，霍金修正了自己原来的"黑洞悖论"观点，信息应该守恒。霍金认为他一生的贡献是，在经典物理的框架里，证明了黑洞和大爆炸奇点的不可避免性，黑洞越变越大；但在量子物理的框架里，他指出，黑洞因辐射而越变越小，大爆炸的奇点不但被量子效应所抹平，而且整个宇宙正是起始于此。

爱因斯坦的宇宙模型

最能代表爱因斯坦对天文学有重大影响的莫过于他的宇宙学理论了。爱因斯坦在确立了广义相对论之后，紧接着就转向了对宇宙的考察。1917年，爱因斯坦发表他的第一篇宇宙学论文《根据广义相对论对宇宙学所作的考察》。像他多次以一篇论文开创一个领域一样，这篇论文宣告了相对论宇宙学的诞生。虽然时间已经过去很多年了，但是，这篇论文所引起的许多观念至今仍富有生命力。在探索宇宙学中，爱因斯坦首先指出无限宇宙与牛顿理论二者之间存在着难以克服的内在矛盾。在原则上，根据牛顿力学不能建立无限宇宙这一物理体系的动力学。从牛顿理论和无限宇宙这两点出发，根本得不到一个自洽的宇宙模型。因此，必然是：或者修改牛顿理论，或者修改无限空间观念，或者对二者都加以修改。爱因斯坦放弃了传统的宇宙空间三维欧几里得几何的无限性。他根据广义相对论建立了静态有限无边的自洽的动力学宇宙模型。在这个模型中，宇宙就其空间广延来说是一个闭合的连续区。这个连续区的体积是有限的，但它是一个弯曲的封闭体，因而是没有边界的。

爱因斯坦于1915年提出广义相对论后，1917年用它来考察宇宙，建立了现代宇宙学中的第一个宇宙模型。他的模型是一个有物质无运动的静态宇宙。

1929年，哈勃发现星系红移的哈勃定律，确定静态宇宙模型与实际不符。因此爱因斯坦多次提出应该取消宇宙常数；但有些学者，如爱丁顿、德西特、泽尔多维奇则认为宇宙常数可能有新的物理意义，不宜轻易抛弃。目前，学者们对宇宙常数的看法并不一致，有的认为是正值；有的认为是负值；有的认为是常数；有的则认为它随时间而变化。但多数倾向于取正值，其物理意义可能代表宇宙真空场的能量—动量张量与可能存在于物质之间的斥力。

黑洞之谜

黑洞，在天文学中是一个出现较晚的概念，由于它的神秘性，令天文学家惊叹不已。至于一般人就更无法想象它的存在了。黑洞并不是实实在在的星球，而是一个几乎空空如也的天区，但它又是宇宙中物质密度最高的地方。

如果地球变成黑洞，只有一粒黄豆那么大。它的强大的吸引力连速度最快的光也休想从它那里逃脱，因此，黑洞是一个看不见的、名副其实的太空魔王。

人们认为，在类星体的中心是类似的、质量更大的黑洞，其质量大约为太阳的1亿倍。落入此超重的黑洞的物质能提供仅有的足够强大的能源，用以解释这些物体释放出的巨大能量。当物质旋入黑洞，它将使黑洞往同一方向旋转，使黑洞产生一个类似地球上的一个磁场。落入的物质会在黑洞附近产生能量非常高的粒子。该磁场是如此之强，可以将这些粒子聚焦成沿着黑洞旋转的轴，它的北极和南极方向往外喷射射流。在许多星系和类星体中确实观察到这类射流。

人们还可以考虑存在质量比太阳小很多的黑洞的可能性。因为它们的质量比强德拉塞卡极限低，所以不能由引力坍缩产生，这样小质量的恒星，甚至在耗尽了自己的核燃料之后，还能支持自己对抗引力。只有当物质由非常巨大的压力压缩成极端紧密的状态时，这些小质量的黑洞才得以形成。一个巨大的氢弹可提供这样的条件：物理学家约翰·惠勒曾经算过，如果将世界海洋里所有的重水制成一个氢弹，则它可以将中心的物质压缩到产生一个黑洞。

黑洞既然看不见、摸不着，那么天文学家又是怎样发现和观测它的呢？当然不可能像人登上月球那样去拜访黑洞，主要是通过黑洞区强大的 X 射线源进行探索的。根据著名物理学家霍金的理论，黑洞中的一切都消失了，但它所具有的强大引力依然存在。当它周围物质被强大的引力所吸引而逐渐拽向黑洞中心时，就会发射出强大的 X 射线，从而形成天空中的 X 射线源。通过对 X 射线源的搜索观测，便可找到黑洞的踪迹。但是，很久以来，人们一直在寻找黑洞的踪迹，至今未能如愿以偿。1983年初，美国和加拿大的天文学家宣布，他们在大麦哲伦云星系的一个双星系统中找到了一个质量上相当于太阳的8～12倍的黑洞。然而，这到底是不是黑洞？有待于天文学家进一步验证。

探索地外文明

宇宙中除了人类之外还有别的智慧生物吗？我们不禁会这样问。

21世纪的地球居民，并不是宇宙中唯一的智慧生物这个说法能令人信服吗？

毫无疑问，和地球类似的行星是存在的，有类似的混合大气，有类似的引力，有类似的植物。甚至可能有类似的动物。然而，其他的行星非要有类似地球的条件才能维持生命吗？

实际上，生命只能在类似地球的行星上存在和发展的。以往人们认为被放射物污染的水中是不会有任何微生物的，但是实际上有几种细菌可以在核反应堆周围的足以让多种微生物致死的水中存活。

有些人妄断地球的环境是完美无缺的，什么只有一个大气压，温度和湿度正常……其实，这些标准是地球人自定的。事实上，地球上的各种生命不一定都生活在"自由王国"之中，它们必须受到各种限制。我们不应该以地球上生命存在的条件来判断它们必须受到各种限制。我们不应该以地球上生命存在的条件去硬套外星球，各个星球有自己的具体条件。如果表面温度为15℃~-150℃的火星上存在着火星人，他们也许会认为在地球这种温度条件下根本无法存在地球人。

于是，在生命理论的研究领域中，行星生物学应运而生了。它主要研究地外各种行星的自然条件，是否存在适宜于这些环境条件的生物；地球生物是否可以移居到地外行星上去，以及发现行星生物的新方法。因为生物往往具有一种隐蔽的本能，即使存在也不一定能轻易被发现。例如地球空间中存在着许多微生物，但又有谁能用眼睛去发现它们呢？目前，对火星、金星、木星等的探查工作还在进行中，断言这些星球上不存在任何生命，似乎为时过早。

随着人类对自然界认识的深化及当代科学技术的飞速发展，人们提出在地球以外的星体上存在生命甚至高级文明社会的问题不足为怪。科学家们为好奇心所驱使，极力想探索出个究竟来，于是就产生了寻找"地外文明"的科学探索方向。

外星人的传闻日益增多，人们对此都很感兴趣。除了我们地球的人类之外，其他天体上到底有无类似人的生命？这个问题已成为当代科学的第一谜团。

宇宙的演化顺序

我们在分析宇宙层次时，可见的物质粒子和能量粒子是组成各种层次物质的基本要素，而基本的物质粒子和能量粒子，又是在真空状态的"暗物质"和"负能量"中产生的。那么，我们就是由低级到高级，由微观到宏观的演化方向叙述宇宙的起源，这一时间顺序同我们人类的思维方向是一致的。从本质上讲，宇宙无开始和终结。但是，宇宙的演化有着周期性，这一周期的起点往往又是上一周期的终点。所以，我们的时间循序也只能从"0"原点开始，也即是从无、无极、混沌、奇点开始。如同我们现在的时钟，只能从0点开始计时，尽管0点和24点是重合的一点，但时间的方向则是从0—1—2—3的演化方向，所以，我们的宇宙也就是从无极到太极，之后由少到多，"道生一，一生二，二生三，三生万物"的演化顺序。

第一阶段为宇宙的初始状态，可以表述为"无"或"0"态，也可以说是"绝对空间"的真空状态；用易学术语描述为混沌、无极；所谓无，就是无高低、无大小、无明暗、无快慢、无参照、无比较的混沌状态。处于"极点"的状态。

第二阶段为"无"中生"有"的阶段，"无"与"有"是相对的，"有"的含义就是有区别的，相对地显示出明暗、间隙，具有对比的高低、运动速度的变化开始出现。

第三阶段为宇宙尘埃及星云的形成，这些处于稳定态的最基本的微粒子凝结成电子、质子、中子、中微子等物质粒子后，经过碰撞、凝结、组合成新的稳定结构个体单元，便形成尘埃颗粒。

第四阶段为行星云团及行星的形成，巨大的云团再经过碰撞、凝结、旋集组合（旋涡式的凝结）形成具有中心的核心。

第五阶段为第一代恒星形成，宇宙大爆炸、标志着行星成熟。

第六阶段为恒星系统及行星的继续产生，现在的行星形成。

第七阶段为恒星系统的形成及恒星个体的衰变。

第八阶段为恒星的最后命运(黑洞的形成)。

宇宙经过粒子—原子—尘埃云团—旋涡云团—行星（成熟爆炸）—恒星—超新星—红极星—白矮星—中子星—黑洞—白洞—奇点（原始宇宙态）形成一个周期。宇宙经过漫长的演化，形成现在这样的今天看到的宇宙结构。

宇宙神秘的膨胀

宇宙中不可能存在绝对真空？有些人说场也可以算作是宇宙？那么宇宙中的广义力场是否就只有引力和斥力，既然如此，那么可以说场也算是能量的一种体现吗？能量和质量可以自由转换，也就是说当物质极度压缩（某种原因，比如黑洞）将极大的物质压缩于极小的空间中，内部极小部分是极高密度的物质，并且中心高密度物质由于具备相当大的引力而把能量挤到外层，一部分物质被压缩为极微小的物质（可能我们人类还未发现的微小物质）产生了比我们所认知的能量更强的能量，甚至连光（波和粒子）都无法逃离（黑洞）。那么可以定义我们的宇宙是物质产生了引力，而能量产生了斥力的空间吗？人类所认为的内宇宙是拥有物质和能量的空间，而外宇宙是充满能量的空间，大量能量产生斥力，挤压着内宇宙，而内宇宙由于物质的不断释放能量而向外扩张，外宇宙也在拒绝内宇宙溢出能量的同时吸收少许能量，这样解释宇宙膨胀可以吗？

大爆炸后的膨胀过程是一种引力和斥力之争，爆炸产生的动力是一种斥力，它使宇宙中的天体不断远离；天体间又存在万有引力，它会阻止天体远离，甚至力图使其互相靠近。引力的大小与天体的质量有关，因而大爆炸后宇宙的最终归宿是不断膨胀，还是最终会停止膨胀并反过来收缩变小，这完全取决于宇宙中物质密度的大小。

理论上存在某种临界密度。如果宇宙中物质的平均密度小于临界密度，宇宙就会一直膨胀下去，称为开宇宙；要是物质的平均密度大于临界密度，膨胀过程迟早会停下来，并随之出现收缩，称为闭宇宙。

以后的情况差不多就像一部宇宙影片放映结束后再倒放一样，大爆炸后宇宙中所发生的一切重大变化将会反演。收缩几百亿年后，宇宙的平均密度又大致回到目前的状态。不过，原来星系远离地球的退行运动将代之以向地球接近的运动。再过几十亿年，宇宙变得非常炽热而又稠密，收缩也越来越快。

在坍缩过程中，星系会彼此并合，恒星间碰撞频繁。一旦宇宙温度上升到某一温度，电子就从原子中游离出来；温度达到几百万度时，所有中子和质子从原子核中挣脱出来。很快，宇宙进入"大暴缩"阶段，一切物质和辐射极其迅速地被吞进一个密度无限高、空间无限小的区域，回复到大爆炸发生时的状态。

暗能量的存在

最近几年的实验观测已证明了宇宙是平直的且处于一个加速膨胀阶段，此项发现意味着基于爱因斯坦相对论之上而建立的标准宇宙学模型需要考虑一些新的物质能量存在，另一种可能，则是需要对其基础理论进行一定的修正。

宇宙学成为一门实测的自然科学始于20世纪早期。哈勃用当时最大的威耳逊山天文台的直径为2.5米的望远镜对星云进行观测并证明：我们所在的银河系之外还存在着许许多多和银河系类似的由众多恒星组成的星系，这些星系形成了宇宙的基本单元。这一发现奠定了现代星系和观测宇宙学研究的基础。诸河外星系光谱红移的观测证据说明了宇宙正在膨胀。而宇宙微波背景辐射和轻元素丰度的观测进一步支持了这种膨胀宇宙的基本图像。今天的宇宙学模型正是在这样的观测和理论基础上建立和发展起来的。

一些理论学家认为，暗能量存在的证据来自于对演化宇宙膨胀速率的观测只是间接的，实验结果对爱因斯坦-迪斯特宇宙膨胀历史的偏差完全可以有非暗能量的其他解释，于是，层出不穷的理论模型蜂拥而至。正如当年宇宙学常数的出现，哪怕各种模型的物理解释在刚提出时有一定局限，或可以被认为是错误，其数学模型也完全有可能在将来更深入的实验与理论研究中被赋予新的物理意义；所以，有必要了解各种方向的理论及其相应参数对理论值积极的修正。从宇宙加速膨胀的基本公式出发，除了压强为负的解释外，密度为负也是另一种可能。根据引力的定义，负密度可以是与正常物质产生斥力的解释；同时，由于弦论中部分蜃景物质允许违背正常物质的物理特性从而避开四维因果率，按这种理解，暗能量也可能解释为蜃景物质违背于正常物质存在，也就是负密度属性的一种体现。当然，这种解释也许可以归类于引力修正的模型当中。

总而言之，在无数理论模型不断繁衍的同时，不断进步的观测实验技术也在对理论界进行去伪存真的筛选。相信在不远的未来，宇宙加速的理论研究方向能较权威地确定下来，而宇宙的过去与未来也即将在宇宙加速膨胀这一宇宙学里程碑似的探索中逐渐明朗起来。

宇宙中的暗物质

主宰宇宙命运的是其中的物质和能量；如果物质和能量足够多，那么有朝一日其引力作用将使宇宙膨胀停止并转为收缩；反之，如果宇宙的物质和能量密度太小，宇宙就会永远膨胀下去。所以，测量宇宙中到底有多少物质和能量便成为现代宇宙学的核心问题。

当我们把宇宙中所有闪闪发光的星星全部加起来，其总质量还不够阻止宇宙膨胀必需质量的5%。的确，我们熟知的星星在宇宙中仅是沧海一粟。即使只测量我们的银河系，人们也会惊奇地发现，主导银河系运动的不是恒星，而是占90%总质量、迄今不为人知的"暗物质"。暗物质贡献引力却从未显露自己的"庐山真面目"。放眼宇宙的更大尺度，这些暗物质更是起到了着举足轻重的作用，星系的形成，星系团的形成乃至整个宇宙的引力都与暗物质密切相关。或许，我们可以把暗物质比喻为主宰宇宙命运的"上帝"，而有人又将它们称为宇宙中的"黑色幽灵"。

不仅仅是暗物质，更大的"幽灵"也许是"真空能"或"黑色"能量。它无处不在却又不在小尺度（如银河系）表现效应，只是在宇宙尺度上才露出"狰狞面目"。在爱因斯坦创立广义相对论时，留在那个著名方程中的"宇宙学常数"曾使爱因斯坦自责为一生最大的错误，却不料它就是与宇宙命运息息相关的"黑色"能源。虽然我们不知道暗物质是什么，也不知道"黑色"能量的真身，但是1998年的天文观测验证了它们的存在，并确定了它们在宇宙中的统治地位——95%的物质和能量是"看"不见的，它们虽有可观的比重却无力阻止宇宙的继续膨胀。

取得这项重大进展的是已持续数年的美国"宇宙超新星寻找"计划的研究以及世界各国微波背景各向异性的测量，因为只有来自宇宙深处的讯号才会携带关于"黑色"能量的信息。美国科学家结合邻近及宇宙深处的超新星爆发，得到了宇宙学常数大于零的重要结论，使得微波背景各向异性的测量、大尺度结的形成理论、宇宙年龄测定、宇宙中物质成分确定等诸多天体物理研究结合成为统一的整体，为我们确立了一个宇宙学常数（或黑色能量）加（冷）暗物质的宇宙。

然而，直到今天还没有一种物理学理论能够解释宇宙学常数不为零的事实，也没有一种实验能够找到成为（冷）暗物质的粒子。大爆炸宇宙学的发现也同时带给整个物理学一个难题，一个挑战。

引力与斥力之争

宇宙是在不断地膨胀中，科学家们认为它起源于150亿年前的一次难以置信的大爆炸。这是一次不可想象的能量大爆炸，宇宙边缘的光到达地球要花120亿年到150亿年的时间。大爆炸散发的物质在太空中漂游，由许多恒星组成的巨大的星系就是由这些物质构成的，我们的太阳就是这无数恒星中的一颗。原本人们想象宇宙会因引力而不再膨胀，但是，科学家已发现宇宙中有一种"暗能量"会产生一种斥力而加速宇宙的膨胀。

问题似乎变得很简单，但实则不然。理论计算可以得出的临界密度，但要测定宇宙中物质平均密度就不那么容易了。星系间存在广袤的星系空间，如果把目前所观测到的全部发光物质的质量平摊到整个宇宙空间，那么，平均密度就远远低于临界密度。

然而，种种证据表明，宇宙中还存在着尚未观测到的所谓的暗物质，其数量可能远远超过可见物质，这给平均密度的测定带来了很大的不确定因素。因此，宇宙的平均密度是否真的小于临界密度仍是一个有争议的问题。不过，就目前来看，开宇宙的可能性大一些。

恒星演化到晚期，会把一部分物质（气体）抛入星际空间，而这些气体又可用来形成下一代恒星。这一过程会使气体越耗越少，以致最后再没有新的恒星可以形成。慢慢地，所有恒星都会失去光辉，宇宙也就变暗。同时，恒星还会因相互作用不断从星系逸出，星系则因损失能量而收缩，结果使中心部分生成黑洞，并通过吞食经过其附近的恒星而长大。

再后来，对于一个星系来说只剩下黑洞和一些零星分布的死亡了的恒星，这时，组成恒星的质子不再稳定，质子开始衰变为光子和各种轻子。这个衰变过程进行完毕后，宇宙中只剩下光子、轻子和一些巨大的黑洞。

通过蒸发作用，有能量的粒子会从巨大的黑洞中逸出，并最终完全消失，宇宙将归于一片黑暗。这也许就是开宇宙末日到来时的景象，但它仍然在不断地、缓慢地膨胀着。

地球空间

说到地球空间，人们便会自然地以为就是指我们现在生活的大地和围绕我们的大气成分。地球空间，其实是我们探头仰望的广袤天空，甚至是我们所望不到的地方。因此，说到地球空间，得先从明确地球空间的定义开始。

地球空间是由对流层大气以外的中高层大气、电离层和磁层组成，并受太阳风和地球磁场相互作用控制的一个极大的空间区域。人类发射的人造地球卫星绝大多数都在地球空间中运行，因此了解地球空间中的环境现象，各种空间暴发生、发展的物理机理十分重要，是人类进入空间时代以来最为重要的空间探测对象之一。

20世纪60年代到70年代，尽管人类发射了数十颗地球空间的探测卫星，但是对地球空间的认识仍然比较肤浅。然而许多现象又表明，只用静态的简单的模型，很难确切地地表述众多的相互矛盾的实验现象，特别是对磁层边界的测量不能做到很准确。

进入20世纪90年代以后，许多空间事件的发现改变了人类对地球空间的认识。人类开始清醒地认识到地球空间边界层的剧烈变化是受太阳活动影响所致，受太阳活动和行星际条件的影响，地球空间内部会发生各种空间暴，包括电离层暴、热层暴、磁层亚暴、磁暴和磁层粒子暴等等。特别是具有很高能量的磁层粒子暴，是人造卫星的杀手，破坏力极强。人类也进一步地认识到，这些空间暴的发生机理和发展机制非常复杂，常常在地球的这一侧触发，而其能量却能传播到地球的另一侧，并引发其他爆发，因而是不同空间层次和不同时空尺度的全球过程。

为了搞清地球空间的真正面目，法国科学家提出了利用4颗卫星编队飞行进行磁层空间探测的星簇计划，称为CLUSTER计划。这一计划一经提出就得到了国际空间物理学界的高度重视，认为这是划时代的科学探测计划。CLUSTER已在2000年七八月间由俄罗斯的"联盟号"火箭分两次成功发射，科学数据正在源源不断地下传，科学研究成果已经初步显现出来。

地球空间虽肉眼不可及，但从卫星给我们带来的资料看来却是一片熙熙攘攘、并不寂寞的国度，引起了人们无限的遐想和探索的欲望。通过对太阳黑子活动规律和其自身规律的进一步总结和探索，相信拉近我们与这个尚不可亲身触及的国度的距离将不再只是遐想。

空间磁暴

人类经过了数千年的努力，从陆地走向海洋，飞上蓝天。以1957年成功地发射第一颗人造地球卫星为标志，人类进入了太空，开始了太空时代。近50年来人类发射了几千颗卫星，为人类提供了通讯、导航、气象、资源勘探等方面的服务，已经成为人类生活不可缺少的部分。

然而，肩负重任的各类卫星在太空却面临极其严酷的环境，卫星不断被破坏。就像地面上有电闪雷鸣，刮风下雨一样，地球空间中也有类似的现象。例如地球磁层亚暴过程中，大量的带电粒子像疾风骤雨一样从地球磁尾（即背离太阳一侧）向地球冲过来。这些电子能够导致卫星充电，严重时可以将卫星充电到几万伏高压，最后导致卫星放电被烧毁。地球磁暴过程中，围绕地球形成了一个巨大的电流环，其强度可以达到几百万安培。这个巨大的电流通过地磁场的剧烈变化可以在地面上感应出巨大电流，将地面上输油管道、供电线路烧毁。伴随着磁暴产生的高能粒子，可以像子弹一样击毁卫星上的部件。如1991年7月7日，欧洲遥感卫星上的CMOS器件被烧毁，精确测速测距装置破坏，卫星停止了工作；1997年1月11日，美国AT&T公司的Telstar401卫星被太阳活动引起的空间环境扰动损坏，导致北美的寻呼机和长途电话大范围中断，通讯中断的影响甚至波及到了金融、股票正常的运行；1998年5月的一次太阳耀斑爆发后，当日冕物质抛射磁云扫过地球时，在地球磁层引起了持续几周电子辐射带，德国科学卫星EQUATOR–S和美国商业卫星GALAXY—4遭受高能电子的轰击而深层充电，于5月1日和19日先后报废。

为了避免和减少人类航天活动的损失和危险，就需要对空间环境发生的各种物理过程有一个深入的了解，进而就像预报地面上刮风下雨一样，实现对空间环境中各种重要灾害性事件进行监测和预报。

所以地球空间并不是静止的，它在太阳活动的影响下经常处于剧烈的扰动状态中，称为地球空间暴。其中磁层空间暴(包括磁层亚暴，磁暴和磁层粒子暴等)是地球空间暴的最重要部分，也是一些其他地球空间暴的产生源头。在地球两极地区发生的极光就是磁层亚暴的一种表现形式。这些与人类活动密切相关的磁层空间暴的产生机制和发展规律目前还不为人类所了解。

类地行星

类地行星、地球型行星或岩石行星都是指以硅酸盐岩为主要成分的行星。英文字根源自拉丁文的"Terra"，意思就是地球或土地，由于时尚界的流行，加上对象是行星，因此在二合一下采用"类地"行星这个译名。类地行星与气体巨星有极大的不同，气体巨星可能没有固体的表面，而主要的成分是氢、氦和存在不同物理状态下的水。八大行星分为三类：类地行星、气体行星和远日行星。

类地行星（包括水、金、地、火）是与地球相类似的行星。它们距离太阳近，体积和质量都较小，平均密度较大，表面温度较高，大小与地球差不多，也都是由岩石构成的。

类地行星的构造都很相似：中央是一个以铁为主，且大部分为金属的核心，围绕在周围的是以硅酸盐为主。月球的构造也相似，但核心缺乏铁质。类地行星有峡谷、撞击坑、山脉和火山。类地行星的大气层都是再生大气层，有别于类木行星，直接来自于太阳星云的原生大气层。

理论上，类地行星或是岩石可以分为两类，一类以硅化合物为主，另一类以碳化物为主，这两类分别称为硅酸盐行星和碳行星（或"钻石星"）。

所谓类地行星是指类似于地球的行星，天文学家认为这些行星上可能孕育生命，因而有研究意义。

太阳系内迄今发现了八颗大行星，水星、金星、地球和火星也被称为类地行星，当然月球也属于类地行星。

传统观念中，人们认为"月球围绕地球转，是地球的卫星"。但现代天文学家的研究事实都证明月球是地球的伴星，是太阳系的第十六大行星。这一理论的证据如下：

地球与月球的直径和质量比相差不大。月球的直径是地球直径的1/4，月球质量是地球质量的1/80。

但是，将月球看做地球的卫星不符合"类地行星"的规律特点。"类地行星"包括水星、金星、地球和火星，其特点之一是卫星较少。而这一特点纯粹是针对地球而言的，因为除地球有一个卫星——月球外，其他类地行星严格地说都没有卫星，但地球的这一特殊现象并无科学解释。

大量观察表明，月球并没有绕地球旋转，而是伴着地球对转。天文学家们经研究发现，月球作为地球的伴星，两者在太阳引力作用下，沿着共同的轨道——地月轨道围绕着太阳运转，地月轨道是两者的质量中心，地球质量大于月球，这个中心轨道就离地球近。

星系的形成

按照宇宙大爆炸理论，第一代星系大概形成于大爆炸发生后10亿年。在宇宙诞生的最初瞬间，有一次原始能量的爆发。随着宇宙的膨胀和冷却，引力开始发挥作用，然后，幼年宇宙进入一个称为"暴涨"的短暂阶段。原始能量分布中的微小涨落随着宇宙的暴涨也从微观尺度急剧放大，从而形成了一些"沟"，星系团就是沿着这些"沟"形成的。

星系或称恒星系，是宇宙中庞大的星星的"岛屿"，它也是宇宙中最大、最美丽的天体系统之一。到目前为止，人们已在宇宙观测到了约1 000亿个星系。它们中有的离我们较近，可以清楚地观测到它们的结构；有的非常遥远，目前所知最远的星系离我们有近200亿光年。随着暴涨的转瞬即逝，宇宙又回复到如今所见的那样通常的膨胀速率。

宇宙中没有两个星系的形状是完全相同的，每一个星系都有独特的外貌。但是由于星系都是在一个有限的条件范围内形成的，因此它们有一些共同的特点，这使人们可以对它们进行大体的分类。在多种星系分类系统中，天文学家哈勃于1925年提出的分类系统是应用得最广泛的一种。哈勃根据星系的形态把它们分成五大类：椭圆星系、透镜星系、棒旋星系、旋涡星系和不规则星系。

宇宙中约有10亿个星系的中心，有一个超大质量的黑洞，这类星系被称为"活跃星系"。类星体也属于这类星系。

星系的形状一般在其诞生之时就已经确定了，此后一直都保持着相对稳定，除非发生了星系碰撞或邻近星系的引力干扰。

银河系是一个中型恒星系，它的银盘直径约为12万光年。它的银盘内含有大量的星际尘埃和气体云，聚集成了颜色偏红的恒星形成区域，从而不断地给星系的旋臂补充炽热的年轻蓝星，组成了许多疏散星团或称银河星团。已知的这类疏散星团约有1 200多个。银盘四周包围着很大的银晕，银晕中散布着恒星和主要由老年恒星组成的球状星团。

宇宙是浩瀚的，还有许许多多的未知的星系。也许明天就会有新的星系出现，让我们拭目以待吧。

恒星及其演化

恒星是由炽热气体组成的，是能自己发光的球状或类球状天体。离地球最近的恒星是太阳。其次是处于半人马座的比邻星，它发出的光到达地球需要4.22光年。恒星都是气体星球。晴朗无云的夜晚，且无污染的地区，一般人用肉眼大约可以看到6 000多颗恒星。借助于望远镜，则可以看到几十万乃至几百万颗以上。估计银河系中的恒星大约有一二千亿颗。恒星并非不动，只是因为离我们实在太远，不借助于特殊工具和方法，很难发现它们在天上的位置变化，因此古代人把他们认为是固定不动的星体，叫做恒星。

单一恒星的演化并没有办法完整观察，因为这些过程可能过于缓慢以至于难以察觉。因此天文学家利用观察许多处于不同生命阶段的恒星，并以计算机模型模拟恒星的演变。

恒星的形成

在宇宙发展到一定时期，宇宙中充满均匀的中性原子气体云，大体积气体云由于自身引力不稳定而造成坍缩。这样恒星便进入形成阶段。在坍缩开始阶段，气体云内部压力很微小，物质在自引力作用下加速向中心坠落。当物质的线度收缩了几个数量级后，情况就不同了，一方面，气体的密度有了剧烈的增加，另一方面，由于失去的引力位能部分地转化成热能，气体温度也有了很大的增加，因而在坍缩过程中，压力增长更快，这样，在气体内部很快形成一个足以与自引力相抗衡的压力场，这压力场最后制止引力坍缩，从而建立起一个新的力学平衡位形，称之为星坯。

星坯的力学平衡是靠内部压力梯度与自引力相抗衡造成的，而压力梯度的存在却依赖于内部温度的不均匀性（即星坯中心的温度要高于外围的温度），因此在热学上，这是一个不平衡的系统，热量将从中心逐渐地向外流出。这一热学上趋向平衡的自然倾向对力学起着削弱的作用。于是星坯必须缓慢地收缩，以其引力位能的降低来升高温度，从而来恢复力学平衡；同时也是以引力位能的降低，来提供星坯辐射所需的能量。这就是星坯演化的主要物理机制。

主序星

主序星阶段在收缩过程中密度增加，收缩气云的一部分又达到新条件下的临界，小扰动可以造成新的局部坍缩。在一定的条件下，大块气云收缩为一个凝聚体，成为原恒星，原恒星吸附周围气云后继续收缩，表面温度不变，中心温度不断升高，引起温度、密度和气体成分的各种核反应。产生的热能使气温升极高，气体压力抵抗引力，使原恒星稳定下来成为恒星，恒星的演化是从主序星开始的。

璀璨星空

仰望苍穹，满天繁星，一轮弯月斜挂，人们顿时感到宇宙的广袤和自己的渺小，夜空就像墨蓝的天鹅绒，大大小小的星星点缀其上，不停地闪耀钻石般的光辉。

入夜，明亮的北斗七星斜挂在天空西北。古书上说："斗柄南指，天下皆夏"。古代的人们就已注意到斗柄的指向和季节有一定的关系，并用来判别季节时令。沿着斗把延伸，可以看到一颗颜色微红的亮星高悬，它就是有名的大角星。大角星和它附近的星组成牧夫座，形似降落伞。大角星不但亮度出众，还以它巨大的飞行速度而闻名。它的飞行速度每秒钟达16千米，但由于它离我们太远，我们察觉不出它是动的。

大角星的南面还有一颗光芒四射的亮星，它叫角宿一，它和附近的星组成室女座。室女座中的星排列很不规则，我们难以描述它的形状。

星光点点，颜色各异，颜色的不同表示恒星的温度差异。如心宿二表面温度只有3 000℃，发射红色光芒；大角星表面温度为4 000℃左右，它的光微红带黄；而织女星的光白里透蓝，它的表面温度高达1.1万℃。近年来发现的红外星，它的表面温度还不到3 000℃，就只能发出肉眼看不见的红外线了。

这些星星不但物理状态千差万别，体积大小也悬殊。像牛郎星，它的体积大约比太阳大七八倍。如果你知道太阳的体积是地球的130万倍，那你就可想象牛郎星该是多么庞大的一个星球了。但牛郎星比起心宿二来，又是小巫见大巫了，心宿二的体积比太阳体积大3 000多万倍。然而心宿二的体积虽大，密度却极小，它的密度只有水密度的1%，可以说是"真空世界"。

星 团

银河系里除了单星、双星外，还有许多由三五成群的、互相有物理联系的恒星组成的多重星系统，称为聚星。按照恒星成员星的数目可称为三合星、四合星等。著名的北斗星中的开阳看起来是两颗星，实际上是由七颗星组成的七合聚星。

星数超过10个，由万有引力联系在一起的星群，称作星团。大的星团有的可包含几十到几十万甚至几百万颗星。冬季夜空中的昴星团"七姐妹"是由300多颗星组成的。

在银河系内有众多的星团，根据恒星密集度的大小，星团分为疏散星团（又称银河星团）和球状星团。

球状星团呈球形或扁球形，与疏散星团相比，它们是紧密的恒星集团。这类星团包含1~1 000万颗恒星，成员星的平均质量比太阳略小。用望远镜观测，在星团的中央恒星非常密集，不能将它们分开。

球状星团的直径在15~300多光年范围内，成员星平均空间密度比太阳附近恒星空间密度约大50倍，中心密度则大1 000倍左右。球状星团中没有年轻恒星，成员星的年龄一般都在100亿年以上，并据推测和观测结果，有较多死亡的恒星。

疏散星团形态不规则，包含几十至两三千颗恒星，成员星分布得较为松散，用望远镜观测，容易将成员星一颗颗地分开。少数疏散星团用肉眼就可以看见，如金牛座中的昴星团和毕星团、巨蟹座中的鬼星团，等等。

疏散星团的直径大多数在3~30多光年范围内。有些疏散星团很年轻，与星云在一起（例如昴星团），甚至有的还在形成恒星。

昴星团位于金牛座。金牛座位于赤经4时20分，赤纬17°，在英仙和御夫两座之南，猎户座之北。座内有著名的昴星团和毕星团，以"两星团加一星云"而闻名。

昴星团距离我们417光年，直径达13光年，用大型望远镜观察，可发现昴星团有280多颗星。另一个疏散星团叫毕星团，它位于毕宿五附近，但毕宿五不是它的成员。毕星团距离我们143光年，是离我们最近的星团。毕星团用肉眼可看到五六颗星，实际上大约有300颗。

星　云

宇宙中的星云包含了除行星和彗星外的几乎所有延展型天体。它们的主要成分是氢，其次是氦，还含有一定比例的金属元素和非金属元素。近年来的研究还发现含有有机分子等物质。星云是由星际空间的气体和尘埃结合成的云雾状天体。星云里的物质密度是很低的，若拿地球上的标准来衡量的话，有些地方是真空的。可是星云的体积十分庞大，常常方圆达几十光年。所以，一般星云较太阳要重得多。

星云的形状是多姿多态的。星云和恒星有着"血缘"关系。恒星抛出的气体将成为星云的部分，星云物质在引力作用下压缩成为恒星。在一定条件下，星云是能够互相转化的。

最初所有在宇宙中的云雾状天体都被称作星云。后来随着天文望远镜的发展，人们的观测水准不断提高，才把原来的星云划分为星团、星系和星云三种类型。

星云有很多种类，分为发射星云、反射星云、暗星云、超新星遗迹、弥漫星云和行星状星云。

如果气体尘埃星云附近没有亮星，则星云将是黑暗的，即为暗星云。暗星云由于它既不发光，也没有光供它反射，但是将吸收和散射来自它后面的光线，因此可以在恒星密集的银河中以及明亮的弥漫星云的衬托下发现。

暗星云的密度足以遮蔽来自背景的发射星云或反射星云的光（比如马头星云），或是遮蔽背景的恒星。

这些暗星云的形成通常是无规则可循的，它们没有被明确定义的外形和边界，有时会形成复杂的蜿蜒形状。巨大的暗星云以肉眼就能看见，在明亮的银河中呈现出黑暗的补丁。

在暗星云的内部是发生重要事件的场所，比如恒星的形成。

超新星遗迹也是一类与弥漫星云性质完全不同的星云，它们是超新星爆发后抛出的气体形成的。与行星状星云一样，这类星云的体积也在膨胀之中，最后也趋于消散。

弥漫星云正如它的名称一样，没有明显的边界，常常呈现为不规则的形状，犹如天空中的云彩，但是它们一般都得使用望远镜才能观测到，很多只有用天体照相机作长时间曝光才能显示出它们的美貌。它们的直径在几十光年左右，密度平均为每立方厘米 10~100 个原子（事实上这比实验室里得到的真空要低得多）。它们主要分布在银道面附近。比较著名的弥漫星云有猎户座大星云、马头星云等。弥漫星云是星际介质集中在一颗或几颗亮星周围而造成的亮星云，这些亮星云都是形成不久的年轻恒星。

星际物质

当我们提到宇宙空间时，往往会想到那里是一无所有的、黑暗寂静的真空。其实，这不完全对。恒星之间广阔无垠的空间也许是寂静的，但远不是真正的"真空"，而是存在着各种各样的物质。这些物质包括星际气体、尘埃和粒子流等，人们把它们叫做星际物质。星际物质包括星体与星体之间的物质。恒星之间的物质，包括星际气体、星际尘埃和各种各样的星际云，还可包括星际磁场和宇宙线。

星际物质与天体的演化有着密切的联系。观测证实，星际气体主要由氢和氦两种元素构成，这与恒星的成分是一样的。人们甚至猜想，恒星是由星际气体"凝结"而成的。星际尘埃是一些很小的固态物质，成分包括碳合物、氧化物等。

星际物质在宇宙空间的分布并不均匀。在引力作用下，某些地方的气体和尘埃可能相互吸引而密集起来，形成云雾状。人们形象地把它们叫做"星云"。按照形态，银河系中的星云可以分为弥漫星云、行星状星云等几种。

星际物质的总质量约占银河系总质量的10%，相当于平均密度为每立方厘米1个氢原子，这种密度是地球上的实验室中远未达到的真空度（目前实验室的最高真空度为10毫米水银柱，相当于每立方厘米 32 000个质点）。星际物质的温度相差很大，从几 K 到千万 K。

星际物质在银河系内分布的特点是：不均匀性。不同区域的星际物质密度相差很大。星际物质和年轻恒星高度集中在银道面，尤其是在旋臂中。

星际物质的观测可以在不同的电磁波段进行。例如 1904 年，在分

光双星猎户座 δ 的可见光谱中发现了位移不按双星轨道运动而变化的星际离子吸收线，首次证实星际离子的存在。1930年，观测到远方星光颜色变红，色指数变大（即星际红化），首次证实星际尘埃的存在。1951年，通过观测银河系内中性氢21厘米谱线，证实星际氢原子的大量存在。

与恒星物质的关系根据现代恒星演化理论，一般认为恒星早期是由星际物质聚集而成，而恒星又以各种爆发、抛射和流失的方式把物质送回星际空间。

燃烧的火球

在地球上遥望夜空，宇宙是恒星的世界。恒星在宇宙中的分布是不均匀的。从诞生的那天起，它们就聚集成群，交映成辉，组成双星、星团、星系……

恒星是在熊熊燃烧着的星球。一般来说，恒星的体积和质量都比较大。只是由于距离地球太遥远的缘故，星光才显得那么微弱。

古代的天文学家认为恒星在星空的位置是固定的，所以给它起名"恒星"，意思是"永恒不变的星"。可是我们今天知道它们在不停地高速运动着，比如太阳就带着整个太阳系在绕银河系的中心运动。但别的恒星离我们实在太远了，以致我们难以觉察到它们位置的变动。

恒星发光的能力有强有弱。天文学上用"光度"来表示它。所谓"光度"，就是指从恒星表面以光的形式辐射出的功率。恒星表面的温度也有高有低。一般说来，恒星表面的温度越低，它的光越偏红；温度越高，光则越偏蓝。而表面温度越高，表面积越大，光度就越大。从恒星的颜色和光度，科学家能提取出许多有用信息来。

历史上，天文学家赫茨普龙和哲学家罗素首先提出恒星分类与颜色和光度间的关系。

恒星诞生于太空中的星际尘埃（科学家形象地称之为"星云"或者"星际云"）。恒星的"青年时代"是一生中最长的黄金阶段——主星序阶段，这一阶段占据了它整个寿命的90%。在这段时间，恒星以几乎不变的恒定光度发光发热，照亮周围的宇宙空间。

在此以后，恒星将变得动荡不安，变成一颗红巨星；然后，红巨星将在爆发中完成它的全部使命，把自己的大部分物质抛射回太空中，留下的残骸，也许是白矮星，也许是中子星，甚至是黑洞……

就这样，恒星来之于星云，又归之于星云，走完它辉煌的一生。

绚丽的繁星，将永远是夜空中最美丽的一道景致。

星座的起源

星座是指天上一群群的恒星组合。在三维的宇宙中，这些恒星其实相互间没有实际的关系，自古以来，人们对于恒星的排列和形状很感兴趣，并且很自然地把一些位置相近的星联系起来，组成星座。

国际天文学联合会用精确的边界把天空分为88个正式的星座，使天空每一颗恒星都属于某一特定星座。这些正式的星座大多都根据中世纪传下来的古希腊传统星座为基础。

为认星方便，人们按空中恒星的自然分布划成若干区域，大小不一。每个区域叫做一个星座。用线条连接同一星座内的亮星，形成各种图形，根据其形状，分别以近似的动物、器物或神话人物命名。每个星座中的恒星，按亮度大小，依次以小写希腊字母编排，如大熊座 α 星、大熊座 β 星等。

星座是投影在天球上一块区域的天体空间的总和，因此，说某某星座在银河系以内或以外都是不准确的说法。

星座起源于四大文明古国之一的古巴比伦，古巴比伦人将天空分为许多区域，称为"星座"，不过那时星座的用处不多，被发现和命名的更少。黄道带上的12星座最初开始就是用来计量时间的，而不像现在用来代表人的性格。在公元前1000年前后已提出30个星座。

古希腊天文学家对巴比伦的星座进行了补充和发展，编制出了古希腊星座表。公元2世纪，古希腊天文学家托勒密综合了当时的天文成就，编制了48个星座。并用假象的线条将星座内的主要亮星连起来，把它们想象成动物或人物的形象，结合神话故事给它们起出适当的名字，这就是星座名称的由来。

中世纪以后，欧洲资本主义兴起，需要向外扩张，航海事业得到了很大的发展。船舶在大海上航行，随时需要导航，星星就是最好的指路灯。而在星星中，星座的形状比较特殊，最容易观测，因此，星座受到了普遍关注。16世纪麦哲伦环球航行时，不仅利用星座导航定向，而且还对星座进行了研究。

1922年，国际天文学联合会大会决定将天空划分为88个星座，其名称基本依照历史上的名称。1928年，国际天文联合会正式公布了88个星座的名称。这88个星座分成3个天区，北半球29个，南半球47个，天赤道与黄道附近12个。

星座欢聚

太阳在黄道上自西向东运行，每年环"天"一周。在黄道两边的一条带上分布着12星座，它们是白羊座、金牛座、双子座、巨蟹座、狮子座、处女座、天秤座、天蝎座、射手座、摩羯座、水瓶座和双鱼座。地球上的人在一年内能够先后看到它们。

大家在杂志上看到的星座，就是著名的"黄道12宫"。这些星座正位于太阳在天空中必经的路线"黄道"之上，因此称为"黄道12宫"。而你们所属于哪个星座，就是决定于你出生时太阳正位于哪个星座。星座的历史已有几千年了，不同的民族和地区有自己的星座区分和传说。现在国际通用的88个星座，起源于古巴比伦和希腊。

大约在3 000多年前，巴比伦人在观察行星的移动时，最先注意的是黄道(太阳在恒星间运动的轨迹)附近的一些星的形状，并根据它们的形状起名，如狮子、天蝎、金牛等星座。这就是最早的星座了。又经过长期观测，逐渐确立了黄道12星座。这些星座的命名大多取自大自然中的动物或人物的活动，如白羊、金牛、双马、巨蟹、狮子、室女、天秤、天蝎、人马、摩羯、宝瓶、双鱼。为此，有人称黄道12星座是"动物圈""兽带"。

后来，巴比伦人的星座划分传入了希腊。希腊著名的盲歌手荷马的史诗中就提到过许多星座的名称。大约在公元前500～600年，希腊的文学历史著作中又出现一些新的星座名称：猎户、小羊、七姐妹星团、天琴、天鹅、北冕、飞马、大犬、天鹰等。公元前270年，希腊诗人阿拉托斯的诗篇中出现的星座名称已达44个：

北天19个星座：小熊、大熊、牧夫、天龙、仙王、仙后、仙女、英仙、三角、飞马、海豚、御夫、武仙、天琴、天鹅、天鹰、北冕、蛇夫、天箭。

黄道带13个星座，比巴比伦人多1个。

南天12个星座：猎户、(大)犬、(天)兔、渡江、鲸鱼、南船、南鱼、天坛、半人马、长蛇、巨爵、乌鸦。

传至托勒密的《天文集》中，共有18个星座。这时是公元2世纪。

希腊的星座与优美的希腊神话编织在一起，使星座成为久传不朽的宇宙艺术。这48个星座一直流传了1 400多年之久，直到公元17世纪，星座才又有了新发展。航海事业使人们得以观测南天星座，在原有的48个星座的基础上，又增加了37个星座。其中德国人巴耶尔发现的星座12个（1603年）：蜜蜂（即苍蝇座）、天鸟（即天燕座）、堰蜓、剑鱼、天鹅、水蛇、印第安、孔雀、凤凰、飞鱼、杜鹃、南三角。第谷星座1个（1610年），巴尔秋斯星座4个（1690年）。赫维留斯星座8个（1610年）。巴尔秋斯星座4个（1690年）。赫维留斯星座8个（1690年）。拉卡耶星座13个（1752年）：玉夫、天炉、时钟、雕贝、绘架、唧筒、南极、圆规、矩尺、望远镜、显微镜、山案、罗盘。他把一些近代的科学仪器引入星座，打破了过去神话传说式的星座划分。

北斗七星

　　北斗七星属大熊星座的一部分，从图形上看，北斗七星位于大熊的尾巴。这7颗星中有5颗是2等星，2颗是3等星。通过斗口的两颗星连线，朝斗口方向延长约5倍远，就找到了北极星。认星歌有："认星先从北斗来，由北往西再展开。"初学认星者可以从北斗七星依次来找其他星座了。

　　北斗七星从斗身上端开始，到斗柄的末尾，我国古代分别把它们称作：天枢、天璇、天玑、天权、玉衡、开阳、摇光。从"天璇"通过"天枢"向外延伸一条直线，大约延长5倍多些，就可见到一颗和北斗七星差不多亮的星星，这就是北极星。道教称北斗七星为七元解厄星君，居北斗七宫，即：天枢宫司命星君、天璇宫司禄星君、天玑宫禄存星君、天权宫廷寿星君、玉衡宫益算星君、开阳宫度厄星君、摇光宫慈母星君。

　　一些道书又说，根据人的出生时辰，人们的生命被分属于七个星君所掌管："司命太星君，子生人属之；司禄元星君，丑亥生人属之；禄存真星君，寅戌生人属之；延寿纽星君，卯酉生人属之；益算纲星君，辰申生人属之；度厄纪星君，己未生人属之；上生关星君，午生人属之。"各人根据自己的生辰，即可找到自己的主命星。

天枢、天璇、天玑、天权四星为魁，组成北斗七星的"斗"，柄状三星分别使——玉衡、开阳、摇光那个明暗双星。杓柄中央的星名叫"开阳"，相距11分处有一颗四等伴星，名"辅"，开阳星和辅星组成视双星，肉眼即能识辨。开阳本身也是一颗双星。

季节不同，北斗七星在天空中的位置也不尽相同。因此，我国古代人民就根据它的位置变化来确定季节："斗柄东指，天下皆春；斗柄南指，天下皆夏；斗柄西指，天下皆秋；斗柄北指，天下皆冬。"

北斗七星中，"玉衡"最亮，亮度几乎接近一等星。"天权"最暗，是一颗三等星。其他5颗都是二等星。在"开阳"附近有一颗很小的伴星，叫"辅"，它一向以美丽、清晰的外貌引起人们的注意。据说，古代阿拉伯人征兵时，把它当做测验士兵视力的"试验星"。

北斗七星始终在天空中作缓慢的相对运动。其中5颗星以大致相同的速度朝着一个方向运动，而"天枢"和"摇光"则朝着相反的方向运动。因此，在漫长的宇宙变迁中，北斗星的形状会发生较大的变化，10万年后，我们就看不到这种勺柄形状了。

"北斗"离北天极不远，排列成斗形的7颗亮星。除天权星为三等星外，其余6星都是二等星。北极星常被用作指示方向和识别星座的标志。

星星的等级

在晴朗而又没有月亮的夜晚，出现在人们面前的天空中，眼睛能直接看到的恒星约 3 000 颗，整个天球能被眼睛直接看到的恒星约 6 000 颗。当然，通过天文望远镜就会看到更多的恒星。美国 1990 年 4 月 24 日发射的绕地球运行的哈勃太空望远镜，可以观测到 28 等星。

为了衡量星星的明暗程度，天文学家创造出了星等这个概念。它是表示天体相对亮度的数值。星等值越小，星星就越亮；星等的数值越大，它的光就越暗。

早在公元前 2 世纪，古希腊有一位天文学家叫喜帕恰斯，他在爱琴海的罗得岛上建起了观星台，他对恒星天空十分熟悉。一次，他在天蝎座中发现一颗陌生的星。凭他丰富的经验判断，这颗星不是行星，但是前人的记录中没有这颗星。这是什么天体呢？这就引出了这位细心的天文学家一个重要的思路。他决定绘制一份详细的恒星天空星图。经过顽强的努力，一份标有 1 000 多颗恒星精确位置和亮度的恒星星图终于在他手中诞生了。为了清楚地反映出恒星的亮度，喜帕恰斯将恒星亮暗分成等级。他把看起来最亮的 20 颗恒星作为一等星，把眼睛看到最暗弱的恒星作为六等星。在这中间又分为二等星、三等星、四等星和五等星。

喜帕恰斯在 2 100 多年前奠定的"星等"概念基础，一直沿用到今天。到了 1850 年，由于光度计在天体光度测量中的应用，英国天文学家普森把我们的肉眼看见的一等星到六等星做了比较，发现星等相差 5 等的亮度之比约为 100 倍。于是提出的衡量天体亮度的单位，一个星等间的亮度约 2.512 倍，一等星比二等星亮 2.512 倍，二等星比三等星亮2.512倍，以此类推。它是天体光度学的重要内容。当然，现在对天体光度的测量非常精确，星等自然也分得很精细，由于星等范围太小，又引入了负星等，来衡量极亮的天体，把比一等星还亮的定为零等星，比零等星还亮的定为−1等星，以此类推，同时，星等也用小数表示。星等又分视星等和绝对星等，视星等是地球上的观测者所见的天体的亮度，比如，太阳的视星等为−26.75等，满月为−12.6等，金星最亮时为−4.4等星，全天最亮的恒星天狼星为−1.45等星，老人星为−0.73等星，织女星为0.04等星，牛郎星为0.77等星。而绝对星等是在距天体10秒差距（32.6光年）处所看到的亮度，太阳的绝对星等为4.75星等；热星等是测量恒星的整个辐射，而不是只测量一部分可见光所得到的星等；单色星等是只测量电磁波谱中某些范围很窄的辐射而得的星等；窄频带星等是测量略宽一点的频段所得的星等；宽频带星等的测量范围更宽；人眼对黄色最敏感，因此目视星等也可称为黄星等。

四季星象

寒来暑往，斗转星移。这说明随着一年四季的变更，四季星空也在变化。由于地球在绕太阳运动过程中，地球和太阳的相对位置不断变化，因此，一年中同是在晚上，不同季节看到的星象是不一样的。现在我们以北京（北纬40°）为例，看看四季星空。

春季星空的主要星座有：大熊座、小熊座、狮子座、牧夫座、猎犬座、室女座、乌鸦座和长蛇座。

在天顶略偏东北的方向，可以看到北斗七星，斗口两颗星的连线，指向北极星。

　　而顺着斗柄的指向，可以找到一颗亮星，即牧夫座的大角，然后到达室女座的主星角宿一。在大熊座的附近，可以找到一个叫做猎犬座的小星座，其中有一个旋涡星云，是有名的河外星系。

　　夏季是看星的好时节，天黑以后向西看，就找到狮子星座。狮子座东面是室女座。

　　在天空南方，比较低的星空闪耀着一颗红色的亮星，它是天蝎座的主星心宿二，也是一颗处在黄道上的亮星。天蝎座的明显特征是有三颗星等距成弧摆开，心宿二恰在圆心。在我国古代天文学中，天蝎属商星，猎户属参星。刚好一升一落，永不相见，于是有诗人说："人生不相见，动如参与商。"

　　北斗七星此时在西北天，找到牧夫座后，向东，在差不多天顶的位置，有个半圆形的星座，叫做北冕座，就像一个镶满珠宝的皇冠，这里聚集着大量的星系。

　　秋夜星空多的是王公贵族星座：仙王、仙后、仙女、英仙、飞马、鲸鱼。

　　天顶偏东是飞马座。仙女座就是在飞马座东北的"一"字形星座。仙女座北面是"W"形的仙后座。仙后座西面是仙王座，东面是英仙座。

　　英仙座与仙后座之间是英仙座双重星团。仙女座则有一个著名的大星系：仙女座大星云。这是一个比银河系还大得多的星系，也是北半天中距离我们最近的一个星系。

　　冬季虽然寒冷，但星空却极其壮丽。

　　猎户座是冬季星空的中心。

　　三星连线向左下方延长，就能遇到全天最亮的恒星——天狼星，它是大犬座的主星。

　　从三星向右上方延长就是红色亮星毕宿五。旁边是五车二。

　　金牛座东南是双子座，在向东是巨蟹座，再往东是狮子的头部了。

　　猎户座的西南是漫长巨大却十分暗淡的波江座。主星水委一。

猎户座正南方是天兔、天鸽座。再往南是船底座的主星——老人星。

猎户座的三星下方，有一片亮斑，那就是猎户座大星云。三星最左边的那颗是马头星云。金牛座的昴星团是一个极好看的疏散星团，大约由500颗恒星组成。

星　图

星图是恒星观测的一种形象记录，它是天文学上用来认星和指示位置的一种重要工具。

星图不同于传统地理图集或者天体照片，也就是说，现在的星图是把夜空中持久的特征精确地描述或绘制出来，例如恒星、恒星组成的星座、银河系、星云、星团和其他河外星系的绘图集，亦即是"星星的地图"。

古时的星图最初只以小圆圈或一样的圆点附以连线表示，如敦煌星图，后期才陆续加上标示黄道、银道等参考线。

为了精确标定恒星与各类天体位置，在现今的较专业的星图上，一定标有赤经线、赤纬线、黄道与银度，并标示确切依据的历元。而星点则以由大至小的黑点代表亮度的光暗（并附有星点亮度示意），星点旁标示其西方星名与星座界线，在简单的或者索引图上标示有星座连线；星云与星团以轮廓界线或图例标示；银河则以虚线或淡白色（淡灰色）勾画出来。

要注意的是，一些显著移动的天体如行星、彗星、小行星、月球是不会标示在星图上的，除非是特别针对某些天象而标示绘制的。

一般天文爱好者在城市寻找深空天体，只需要六至七等以上的星图已满足其需要（一般初学星空辨认应多以旋转星图为主，星点数不多，容易辨认星座与其内的主星）；若需要较精确确定天体位置、寻找彗星或者一些需要较精确的特殊用途时，则需要有标示更暗恒星或深空天体的星图。

公元940年前后绘制在绢上的"敦煌星图"，是世界上现存最古老的星图，由宋代黄裳所作，于宋理宗淳祐七年（1247年）建立的石刻"天文图"，现存苏州，也是流传至今最早的星图之一。

将天体（恒星、星云、星系等）用广角天体照相仪拍摄在天文照相底片上复制而成的图，叫做"照相星图"或"照相天图"。

星图是将天体的球面视位置投影于平面而绘成的图，表示它们的位置、亮度和形态。它是天文观测的基本工具之一。星图种类繁多，有的用来辨认星星，有的用来认证某天体（或天象），有的用来对比发生的变异等等。有的星图只绘出恒星，有的星图则绘出各种天体。按使用对象分，有的供天文工作者使用，有的供天文爱好者使用。星图的方位是：上北下南，左东右西。

银河玉带

银河系是地球和太阳所属的星系。因其主体部分投影在天球上的亮带被中国称为银河而得名。银河系约有2 000多亿颗恒星。银河系侧看像一个中心略鼓的大圆盘，整个圆盘的直径约为10万光年，太阳位于距银河中心2.3万光年处。鼓起处为银心，是恒心密集区，故望去白茫茫的一片。银河系俯视像一个巨大的旋涡，这个旋涡由四个旋臂组成。太阳系位于其中一个旋臂（猎户座臂），逆时针旋转（太阳绕银心旋转一周需要2.5亿年）。

　　银河系的发现经历了漫长的过程。望远镜发明后，伽利略首先用望远镜观测银河，发现银河由恒星组成。而后，T.赖特、I.康德、J.H.朗伯等认为，银河和全部恒星可能集合成一个巨大的恒星系统。18世纪后期，F.W.赫歇尔用自制的反射望远镜开始恒星计数的观测，以确定恒星系统的结构和大小，他断言恒星系统呈扁盘状，太阳离盘中心不远。他去世后，其子J.F.赫歇尔继承父业，继续进行深入研究，把恒星计数的工作扩展到南天。20世纪初，天文学家把以银河为表观现象的恒星系统称为银河系。J.C.卡普坦应用统计视差的方法测定恒星的平均距离，结合恒星计数，得出了一个银河系模型。在这个模型里，太阳居中，银河系呈圆盘状，直径8 000秒差距，厚2 000秒差距。H.沙普利应用造父变星的周光关系，测定球状星团的距离，从球状星团的分布来研究银河系的结构和大小。他提出的模型是：银河系是一个透镜状的恒星系统，太阳不在中心。沙普利得出，银河系直径80千秒差距，太阳离银心20千秒差距。这些数值太大，因为沙普利在计算距离时未计入星际消光。20世纪20年代，银河系自转被发现以后，沙普利的银河系模型得到公认。

　　银河系的总质量大约是我们太阳质量的1万亿倍，大致10倍于银河系全部恒星质量的总和。这是我们银河系中存在范围远远超出明亮恒星盘的暗物质的强有力证据。关于银河系的年龄，目前占主流的观点认为，银河系在宇宙诞生的大爆炸之后不久就诞生了，用这种方法计算出，我们银河系的年龄大概 在150亿岁，上下误差各有20多亿年。而科学界认为宇宙诞生的"大爆炸"大约发生在150亿年前。

球状星团

球状星团是在星系轨道上由恒星群组成的古老的球形星团，最多可包含100万颗恒星。

球状星团是由成千上万、甚至几十万颗恒星组成，外貌呈球形，越往中心恒星越密集，其半径从10秒差距到75秒差距。

球状星团里的恒星平均密度比太阳周围的恒星密度高几十倍，而它的中心附近则要大数万倍。同一个球状星团内的恒星具有相同的演化历程，运动方向和速度都大致相同，它们很可能是在同时期形成的。它们是银河系中最早形成的一批恒星，有约100亿年的历史。

球状星团和疏散星团（也叫银河星团）是银河系中两种主要星团。银河系中约有500个球状星团，全天最亮的球状星团为半人马座ω，它的密度大得惊人，几百万颗恒星聚集在只有数十光年直径的范围内，它中心部分的恒星彼此相距平均只有0.1光年。而离太阳系最近的恒星在4光年之外。北半天球最亮的球状星团是M13。半人马座ω（NGC5139）和M13两个球状星团，都是由英国天文学家哈雷发现的。

球状星团在银河系中呈球状分布，属晕星族。球状星团是银河系中恒星分布最密集的地方，这里恒星分布的平均密度比太阳附近恒星分布的密度约大50倍，中心密度则大到1 000倍左右。

球状星团以偏心率很大的巨大椭圆轨道绕着银心运转，轨道平面与银盘成较大倾角，周期一般在3亿年上下。球状星团的成员星是银河系中形成最早的一批恒星，年龄大约在100亿年。

当球状星团接近大质量物体时，例如星系核心，会与潮汐力交互作用。当大质量物体的重力在拉扯球状星团近端和远端的力量不同时，就会造成潮汐力。无论何时，每当星团通过星系的平面时，"潮汐震波"便会发生。

例如球状星团帕罗马5，在银河中通过轨道上的近星系点之后不久，一连串的恒星就沿着它的轨道前后方向延伸出去，距离远达 13 000 光年。潮汐的交互作用从帕罗马5剥离了大量的质量，当它穿越星系的核心时，进一步的交互作用将把它转变成围绕着银晕的长串恒星链。

潮汐的交互作用增加了球状星团的动能，戏剧性地加大星团的蒸发率和缩小了体积。潮汐震波不仅剥离了球状星团外围的恒星，增加的蒸发率也加速了核心的崩溃。同样的物理机制也会作用在矮椭球星系，像是人马座矮椭圆星系，就是因为接近银河的核心才会被潮汐力扯裂的。

疏散星团

疏散星团是指由数百颗至上千颗由较弱引力联系的恒星所组成的天体，直径一般不过数十光年。疏散星团中的恒星密度不一，但与球状星团中恒星高度密集相比，疏散星团中的恒星密度要低得多。疏散星团只见于恒星活跃形成的区域，包括旋涡星系的旋臂和不规则星系。疏散星团一般来说都很年轻，只有数百万年历史，比地球上的不少岩石还要年轻。

较年轻的疏散星团可能仍然含有形成时分子云的残迹，星团产生的光使其形成电离氢区。分子云在星团产生的辐射压影响下逐渐散开。

对观测恒星进化而言，疏散星团是不可多得的天体。这是因为同一个疏散星团中的成员不论年龄或化学成分都很相近，易于观测星团成员中的些微差异。

由于星团成员的引力关联不太强，在绕旋涡星系公转数周后，可能会因周遭天体引力影响而四散。

　　疏散星团通过望远镜可以分辨出单颗恒星的恒星成团结构，大多数位于银道面附近，因而也成为银河星团，它们形状大致为球形，半径从小于1秒差距到约10秒差距，包含的星数从几十个到1 000颗以上。

　　目前在银河系内已发现1 000多个疏散星团，估计总数量接近20 000万个。因为银道面附近星际消光较大，我们无法观测到离太阳较远的银河星团。在赫罗图上各个星团的主星序下部重合在一起，上部则向右方作不同程度的转向。不同星团的转向点的位置各不相同。

　　按照恒星演化的特点，质量大的恒星演化较快，质量小的演化较慢，因为同一星团中恒星的年龄大致相同，所以，星团中质量大的高光度恒星已经离开主星序，这就说明，转向点越向下，星团的年龄越老，反之星团越年轻。

　　对于十分年轻的星团来说，其中高光度的恒星已经位于主星序，而低光度的恒星尚未到达，仍处于主星序右方。利用不同年龄的星团的赫罗图构成标准主星序，可以测定整个银河星团和其中已知光谱型的恒星的距离。

　　关于银河星团的分类，大都采用瑞士天文学家特朗普勒提出的方法，即根据赫罗图的形状把星团分为三类，每类又分为几个小的类型。第一类只有主序星，其中又根据星团中光谱型最早的恒星的光谱型分成几个小类型，如果星团由O型星开始，就称为1o型，由B型开始，就称为1b型，然后依次为1a和1f型等。第二类除主序星外还有一些黄色和红色的巨星，依次再分为2o，2b，2a，2f等。第三类主要是黄色和红色的巨星，称为3o，3b，3a，3f等。已发现的星团主要是1o，1b，2a三种类型。

大麦哲伦星云

　　大麦哲伦星云距离地球约16万光年，位于剑鱼座与山案座两个星座的交界处，跨越了两个星座，是银河系的邻居之一，面积相当于200多个满月的视面积。星云中约有10亿颗星体，这个数量约为银河系星体总数的1/10。它是围绕着银河系旋转的矮星系之一，通常只有居住在南半球的人才能观测到它的存在。

　　天文学家们利用红外宇宙探测设备上的远红外探测器对大麦哲伦星云进行的第一次探测就发现了在这个星云中充满了宇宙灰尘和气体。由于受附近的超新星的影响，星云中的气体的温度都非常高，而且它们还不断地通过红外线向外界释放能量，这也为我们对其实施红外线探测提供了一定的便利。天文学家们在探测过程中还发现在这个星云中存在着许多成年的恒星，这些恒星的活动也十分活跃。

　　通过将大麦哲伦星云中的星际物质与其中的恒星特性的比较，天文学家们发现该星云中星际物质的整体结构也是呈盘状，其中的恒星所处的位置与银河系不同，相对比较集中，二者看上云好像泾渭分明，但事实上它们是可以相互转化的。天文学家们认为，大麦哲伦星云中星际物质的分布情况和恒星所处的位置信息都说明它们是受到了来自银河系的引力的影响，这些因素是造成大麦哲伦星云呈现今天这个面貌的主要原因。

　　天文学家们在谈到用红外宇宙探测设备拍摄到的大麦哲伦星云的照片时称，这张照片真实地再现了大麦哲伦星云的面貌，它是目前为止拍摄到的最清晰的该星云的照片了。这个星云中的许多恒星活动都非常活跃，向外界释放出了大量的能量，这些能量主要是以红外线的方式向外界辐射的。照片中显示了著名的"狼珠星云",这个星云中的新星诞生非常频繁,是一个多产的星云。

在用远红外线对麦哲伦星云进行探测后,天文学家们又用中波红外线对其进行了第二次探测,并拍摄了麦哲伦星云部分区域的更加细致的照片。在这次探测过程中,天文学家们发现了许多的古老恒星,这些恒星在照片上显示为一个白点。这些资料对于天文学家们研究这个星云中恒星的演变过程具有非常重要的意义,同时,它也为今后进一步对这一星云进行探测奠定了基础。

天文学家们称,对大麦哲伦星云进行探测得到的数据资料将为研究麦哲伦星云和我们所在的银河系的演变过程提供重要的帮助。

探寻外星生命

地外文明是指地球以外的其他天体上可能存在的高级理智生物的文明。探索地外文明首先要根据地球上生命存在的状况,弄清生命存在的条件和环境。

生命是美妙的,正是生命的繁衍才使地球上生机勃勃,气象万千。生命不是神造的,生命是天体演化的必然结果。生命存在的条件又是非常苛刻的,所在的天体要有坚硬的外壳,要有适宜的大气和适合的温度,要有一定数量的水。同时,行星围绕的天体必须是一颗稳定的恒星。就太阳系来说,符合上述条件的只有金星、地球和火星。其中地球位于金星和火星之间,处于生命繁衍的最有利的空间。现在还没有发现金星和火星上有生命。太阳系中其他行星上就更不适合生命存在了。

在电影中常常看到这样的情节:闪闪发光的飞碟从天而降,然后从里面走出绿皮肤、大眼睛的小矮人,口中念叨着"我们为和平而来"。

而在现实中，飞碟总是能成为媒体关注的焦点，或者说是一种时髦。马丁·加德纳的一段话正好能描述这种情况："当人人都看到飞碟时，你自己当然也愿意看到一次。"于是就有了各种各样的飞碟和外星人：像草帽的飞碟、像雪茄的飞碟、像蛋糕的飞碟；绿色的外星人、红色的外星人，绑匪的外星人、偷盗的外星人以及浪费粮食的外星人。

然而，这一切都不可信。当我们向这些现象寻求非同寻常的证据时，发现大多数现象可以归结于人类的飞行器、气球、自然现象、目击者的幻觉以及彻头彻尾的骗局。而剩下的案例也不能提出强有力的证据证明那就是外星人的飞船。而把不明飞行物当做外星人的飞碟也是不合适的。你看到的任何"不明"物体都可以被称作不明飞行物，例如你的邻居在21楼扔下的一个垃圾桶盖子。

一些科学家认为，外星人肯定存在，但要找到一个像地球这样有生命存在的星球，是很不容易的。有行星不一定就有生命；有生命不一定就有高等生命，它要求行星到母恒星的位置必需恰到好处。根据这样的条件，在银河系中大约只能有100万颗行星才有可能。而在这100万颗之中，还必须有形成生命的一系列条件，包括水、氧气和各种化学元素。而假如那些行星的外星人，已有高度发达的文明，其具有向高空发送无线电信号的历史比地球早得多，已有100万年（我们地球才100年），那么算下来，有可能做到的星球只有250颗，若它们均匀地分布在银河系中的话，离我们最近的也有4 600光年。而宇宙中，像银河系这样的河外星系，就有10亿个。

实际上，在温度、压力、物质基础以及能源供给方式与地球迥异的地外行星上，如果存在生命，它们完全没有必要以地球生命的形式存在。

随着对太阳系内生命的探索逐步推进，人类有必要真正了解自己到底在寻找什么，在寻找外星生命上，更不要以地球为中心。

人类的宇宙观

恒星系或称星系，是宇宙中庞大的星星的"岛屿"，它也是宇宙中最大、最美丽的天体系统之一。到目前为止，人们已在宇宙观测到了约1 000亿个星系。它们中有的离我们较近，可以清楚地观测到它们的结构；有的非常遥远，目前所知最远的星系离我们有近200亿光年。

按照宇宙大爆炸理论，第一代星系大概形成于大爆炸发生后10亿年。在宇宙诞生的最初瞬间，有一次原始能量的爆发。随着宇宙的膨胀和冷却，引力开始发挥作用，然后，幼年宇宙进入一个称为"暴涨"的短暂阶段。原始能量分布中的微小涨落随着宇宙的暴涨也从微观尺度急剧放大，从而形成了一些"沟"，星系团就是沿着这些"沟"形成的。

任何空间都是指某物的空间大小，任何时间都是指某物的时间长短，故宇宙是指某物所占据的空间与时间。撇开"某物"这一主词，而去问一种抽象的时空尺度是没有意义的。如同问一个抽象"生物"的身高与年龄一样，无法回答。

其实，人们在讨论"宇宙"问题的时候，往往站在完全不同的角度，物理学家们所说的宇宙完全不同于哲学家们所说的宇宙，哲学家们所说的宇宙又完全不同于神学家们所说的宇宙。这倒不是因为宇宙中的空间、时间有什么不同，而在于人们研究时空的方法与途径完全不同。

宇宙的物理学解显然只能通过观测的途径去获得，而且还要通过观测来验证，任何视觉观测不到的宇宙解均不会被物理学家们所接受。因此，物理学宇宙是已观测到的和可被观测的宇宙，它的解存在于人们视界范围之中，它的尺度等同于人类的视界。

宇宙的哲学解必然以已有的物理学宇宙解为内核，并根据已经观测证实的结论定理去进行归纳、演绎、推理，用思维逻辑去拓展哲学宇宙的时空，直到这种思维走到尽头，到无法继续进行思维的界段为止，这种哲学宇宙的尺度等同于人类的思维宇宙。

宇宙的神学解并不排斥物理学与哲学的宇宙解，但神学家们力图用一种无法被观测与被思维的"神"来解释宇宙，这种"神"的真实性显然依赖于人类的想象能力，故神学宇宙的尺度等同于人类的想象极限。

天穹上的大多数光点是银河系的恒星，但也有相当大量的发光体是与银河系类似的巨大恒星集团，历史上曾被误认为是星云，我们称它们为河外星系，现在已知道存在1 000亿个以上的星系，著名的仙女星系、大小麦哲伦星云就是肉眼可见的河外星系。星系的普遍存在，表明它代表宇宙结构中的一个层次，从宇宙演化的角度看，它是比恒星更基本的层次。

星系团的形态

在遥远的银河外星系，天文学家通过大望远镜已经发现了上千亿个星系，它们并不是孤立地分散在宇宙之中，而是聚集起来形成一个个集团。这样的集团大小不一。小的由十几个到几十个星系组成，这种小的集团被称为星系团或星系群。而大的集团由成千上万个星系组成，这些集团中存在着一种被自然数星系际介质的高温气体保卫，这些扭转的质量相当于星系集团中所有星系质量的总和。科学家通过力学的方法对星系集团的质量进行测定，发现这些星系集团的质量远远大于星系和气体质量的总和，这些质量的来源被称为暗物质。这种由星系、气体和大量的暗物质在引力的作用下聚集而形成的庞大的天体系统就是星系团。

相互之间有一定力学联系的十几个、几十个以致成百上千个星系集聚在一起组成的星系集团，其中的每一个星系称为星系团的成员星系。有时候把成员数目较少（不超过100个）的星系团称为星系群。目前已发现上万个星系团，距离远达70亿光年之外。至少有85%的星系是各种星系群或星系团的成员。小的星系团，如本星系群由银河系以及包括仙女星系在内的40个左右大小不等的星系组成。大的星系团，如后发星系团有上千个比较明亮的成员星系，如果把一些暗星系也包括进去，总数可能上万。但像这一类范围大、星系众多的星系团是不多的。平均而言，每个星系团团内的成员数约为130个。有时又称成员数较多的星系团为富星系团，但贫富的划分标准也是相对的。尽管不同星系团内成员星系的数目相差悬殊，但星系团的线直径最多相差一个数量级；平均直径约为500万秒差距。

星系团按形态大致可分为规则星系团和不规则星系团两类。规则星系团以后发星系团为代表，大致具有球对称的外形，有点像恒星世界中的球状星团，所以又可以叫球状星系团。规则星系团往往有一个星系高度密集的中心区，团内常常包含有几千个成员星系，规则星系团内的成员星系全部或几乎全部都是椭圆星系或透镜型。近来发现这种星系团往往又是X射线源。不规则星系团，又称疏散星系团。它们结构松散，没有一定的形状，也没有明显的中央星系集中区，例如武仙星系团。它们的数目比规则星系团更多。大的不规则星系团的成员星系数多达2 500个以上；小的只包含几十个甚至更少的成员星系，范围比较大的不规则星系团可以有几个凝聚中心，在团内形成一种次一级的成群结构。

旋涡星云

100多年以前，人类对宇宙的认识还局限在银河系以内。当时，天文学家已经发现了许多云雾状天体，将它们统称为星云。一些天文学家使用分光方法观测和研究了恒星和星云之后，发现这些云雾状天体其实并不全都是同一类天体。其中有一类是由气体和尘埃构成的，是位于银河系以内的真正的气体星云；而另一类云雾状天体实际上却是由许多恒星密集在一起构成的恒星集团，它们往往具有旋涡状结构，因而又称之为"旋涡星云"。仙女座大星云就是这些旋涡星云当中最典型的一个。

旋涡星云究竟是一种什么样的天体系统？它们是银河系以内的天体还是银河系以外的天体？这个问题令天文学家十分费解，并且在很长一段时期内，大家都没有办法达成共识。1920年4月26日，美国国家科学院为这个问题专门召开了一次题为"宇宙尺度"的辩论会，辩论的内容是银河系的大小和旋涡星云的真相。这两个问题是紧密相关的。如果银河系足够大，而旋涡星云很近很小，那么后者就是前者的组成部分，相反，旋涡星云就是银河系之外独立的"宇宙岛"。

这是天文学历史上非常有名的一次大辩论会，参加辩论的双方代表都是当时赫赫有名的天文学家。在测定天体距离方面颇有成就的柯蒂斯认为，旋涡星云是河外星系，他根据仙女座大星云中新星的亮度估计了它的距离，约为100万光年，远远大于银河系的直径。柯蒂斯说："作为银河系以外的星系，这些旋涡星云向我们指示了一个比我们原先所想象的更为宏大的宇宙。"

对银河系结构做出了正确解释的沙普利坚决不同意柯蒂斯的结论，他坚持认为"旋涡星云与其他星云一样都是银河系的成员"。他的证据是一位荷兰天文学家范玛南所提供的观测结果：旋涡星云的距离只有数千光年，都在银河系的范围以内。当时辩论双方各持己见，谁也拿不出足够的理由将对方说服。旋涡星云成为举世瞩目的难解之谜。

就在许多天文学家为旋涡星云的本质问题而煞费苦心的时候，年轻的天文学家哈勃在1923年通过威尔逊山天文台2.54米的巨型反射望远镜拍摄了一批高清晰度的旋涡星云照片。哈勃对这批旋涡星云的照片做了仔细的推敲，照片上仙女座大星云M31的外围已被分解为恒星。从这些恒星中他找到了第一颗造父变星。第二年，他又从仙女座大星云中辨认出许多造父变星。造父变星的绰号叫"量天尺"，利用"造父变星周光关系"可以推算出这些变星的距离，进一步就可以确定出它们所隶属星云的位置了。这是一条揭开旋涡星云本质之谜的正确途径。哈勃计算出M31的距离约为90万光年，而当时已知银河系的直径为10万光年。由此哈勃确认M31是远在银河系以外的独立的星系。1924年底，哈勃对于旋涡星云的研究结果公布后马上得到了大家的公认。

星系距离

星系距离我们非常遥远，再加上由于星际物质的影响会造成误差，因此测定星系距离比测定恒星距离还要困难，其距离的单位通常以万光年、百万光年或百万秒差距（等于3.26百万光年）表示。

对于较近的星系，可以由星系中找到的造父变星，依据造父变星脉动周期与光度的关系，可以算出该星的距离，即可推知所属星系的距离，但有些星系未找到造父变星或距离太远超过2 000万光年时，我们可以测定星系中亮巨星、超巨星、大型球状星团或新星等的视亮度，而求得该天体的距离，亦可约略推算该星系的距离。另外，就已知距离的较近星系为基础，利用谱线红移求出星系奔离速度，再依哈伯定律，即距离与奔离速度成正比的关系，可推算出遥远星系的距离。

天文学家通常使用秒差距而不是天文单位来描述天体的距离，这不仅是因为使用秒差距数字小更易于计算，而且还有历史上的原因。

天体的视差越大，则其距离就越近。反之，则视差越小，离我们越远。

1912年，美国天文学家勒维特在研究大麦哲伦星云和小麦哲伦星云时，在小麦哲伦星云中发现25颗变星，其亮度越大，光变周期越大，极有规律，称为周光关系。由于小麦哲伦星云距离我们很远，而小麦哲伦星云本身和距离相比很小，于是可以认为小麦哲伦星云中的变星离我们一样远。这样，天文学家就找到了比较造父变星远近的方法：如果两颗造父变星的光变周期相同则认为它们的光度就相同。这样只要用其他方法测量了较近造父变星的距离，就可以知道周光关系的参数，进而就可以测量遥远天体的距离。

但是造父变星本身太暗淡，能够用来测量的河外星系很少。其他的测量遥远天体的方法还有利用天琴座RR变星以及新星等方法。

造父变星光谱由极大时的F型变到极小时的G～K型，谱线有周期性位移，视向速度曲线的形状大致是光变曲线的镜像反映。这意味着亮度极大出现在星体膨胀通过平衡半径的时刻（膨胀速度最大），而不是按通常想象那样发生在星体收缩到最小，因而有效温度最高的时刻，位相差0.1～0.2个周期。这种极大亮度落后于最小半径的位相滞后矛盾，被解释为星面下薄薄的电离氢区在脉动过程中跟辐射进行的相互作用而引起的现象。

水 星

早在公元前3000年的苏美尔时代，人们便发现了水星，古希腊人赋予它两个名字：当它初现于清晨时称为阿波罗，当它闪烁于夜空时称为赫耳墨斯。不过，古希腊天文学家们知道这两个名字实际上指的是同一颗星星，赫拉克利特（公元前5世纪之希腊哲学家）甚至认为水星与金星并非环绕地球，而是环绕着太阳在运行。

在1962年前，人们一直认为水星自转一周与公转一周的时间是相同的，从而使面对太阳的那一面恒定不变。这与月球总是以相同的半面朝向地球很相似。但在1965年，通过多普勒雷达的观察发现这种理论是错误的。现在我们已得知水星在公转两周的同时自转三周。水星是太阳系中目前唯一已知的公转周期与自转周期共动比率不是1:1的天体。

水星上的温差是整个太阳系中最大的，相比之下，金星的温度略高些，但更为稳定。

水星在许多方面与月球相似，它的表面有许多陨石坑而且十分古老；它也没有板块运动。另一方面，水星的密度比月球大得多，水星是太阳系中仅次于地球，密度第二大的天体。事实上地球的密度高部分源于万有引力的压缩；或非如此，水星的密度将大于地球，这表明水星的铁质核心比地球的相对要大些。因此，相对而言，水星仅有一圈薄薄的硅酸盐地幔和地壳。

事实上水星的大气很稀薄，由太阳风带来的被破坏的原子构成。水星温度如此之高，使得这些原子迅速地散至太空中，这样与地球和金星稳定的大气相比，水星的大气频繁地被补充更换。

水星的表面表现出巨大的急斜面，有些达到几百千米长，3 000米高。有些横处于环形山的外环处，而另一些急斜面的面貌表明他们是受压缩而形成的。据估计，水星表面收缩了大约0.1%（或在星球半径上递减了大约1 000米）。

除了布满陨石坑的地形，水星也有相对平坦的平原，有些也许是古代火山运动的结果，但另一些大概是陨石所形成的喷出物沉积的结果。

金　星

金星是太阳系中八大行星之一，按离太阳由近及远的次序是第二颗。它是离地球最近的行星。中国古代称之为太白或太白金星。它有时是晨星，黎明前出现在东方天空，被称为"启明"；有时是昏星，黄昏后出现在西方天空，被称为"长庚"。金星是全天中除太阳和月亮之外最亮的星，比著名的天狼星（除太阳外全天最亮的恒星）还要亮14倍，犹如一颗耀眼的钻石，于是古希腊人称它为阿佛洛狄忒——爱与美的女神，而古罗马人则称它为维纳斯——美神。

金星和水星一样，是太阳系中仅有的两个没有天然卫星的大行星。因此金星上的夜空中没有"月亮"，最亮的"星星"是地球。由于离太阳比较近，所以在金星上看太阳，太阳的大小比地球上看到的大1.5倍。

有人称金星是地球的孪生姐妹，确实，从结构上看，金星和地球有不少相似之处。金星的半径约为6 073千米，只比地球半径小300千米，体积是地球的0.88倍，质量为地球的4/5；平均密度略小于地球。但两者的环境却有天壤之别：金星的表面温度很高，不存在液态水，加上极高的大气压力和严重缺氧等残酷的自然条件，金星不可能有任何生命存在。因此，金星和地球只是一对"貌合神离"的姐妹。

金星周围有浓密的大气和云层。这些云层为金星表面罩上了一层神秘的面纱。只有借助于射电望远镜才能穿过这层大气，看到金星表面的本来面目。金星大气中，二氧化碳最多，占97%以上。同时还有一层厚达20千米到30千米的由浓硫酸组成的浓云。金星表面温度高达485℃，大气压约为地球的90倍。

金星的自转很特别，是太阳系内唯一逆向自转的大行星，自转方向与其他行星相反，是自东向西。因此，在金星上看，太阳是西升东落。金星绕太阳公转的轨道是一个很接近正圆的椭圆形，且与黄道面接近重合，其公转速度约为每秒35千米，公转周期约为224.70天。但其自转周期却为243日，也就是说，金星的自转恒星日一天比一年还长。不过按照地球标准，以一次日出到下一次日出算一天的话，则金星上的一天要远远小于243天。这是因为金星是逆向自转的缘故；在金星上看日出是在西方，日落在东方；一个日出到下一个日出的昼夜交替只是116.75天。

地月系

地球与月球构成了一个天体系统，称为地月系。在地月系中，地球是中心天体，因此一般把地月系的运动描述为月球对于地球的绕转运动。然而，地月系的实际运动，是地球与月球对于它们的公共质心的绕转运动。地球与月球绕它们的公共质心旋转一周的时间为27天7小时43分11.6秒，也就是27.32166天，公共质心的位置在离地心约4 671千米的地球体内。

地球同它的天然卫星——月球所构成的天体系统中，地球是它的中心天体。由于地球质量同月球质量的相差悬殊，地月系的质量中心距地球中心只有约1 650千米。通常所说的日地距离，实际是太阳中心和地月系质心的距离；通常所说的月球绕地球公转，实际是地球和月球相对于它们的共同质心的公转。由于这种公转，共同质心在地球内部有以地球恒星月为周期的位移。

月球是距离地球最近的天体，它与地球的平均距离约为 384 401 千米。它的平均直径约为 3 476 千米。月球的表面积有 3 800 万平方千米，还不如亚洲的面积大。月球的质量约 7 350 亿亿吨，相当于地球质量的 1/81，月面重力则差不多相当于地球重力的 1/6。月面的直径大约是地球的 1/4，月球的体积大约是地球的 1/49。

月球以椭圆轨道绕地球运转。这个轨道平面在天球上截得的大圆称"白道"。白道平面不重合于天赤道，也不平行于黄道面，而且空间位置不断变化。周期为 173 日。月球轨道（白道）对地球轨道（黄道）的平均倾角为 5° 09′。

月球在绕地球公转的同时进行自转，周期 27.32 166 日，正好是一个恒星月，所以我们看不见月球背面。这种现象我们称"同步自转"，几乎是卫星世界的普遍规律，一般认为是行星对卫星长期潮汐作用的结果。

木　星

木星古称岁星，是八大行星中最大的一颗，比所有其他的行星的合质量大 2 倍（地球的 318 倍）。木星被希腊人称之为宙斯。

木星由 90% 的氢和 10% 的氦及微量的甲烷、水、氨水和"石头"组成。这与形成整个太阳系的原始的太阳系星云的组成十分相似。土星有一个类似的组成，但天王星与海王星的组成中，氢和氦的量就少一些了。

我们得到的有关木星内部结构的资料（及其他气态行星）来源很不直接，并有了很长时间的停滞。（来自"伽利略号"的木星大气数据只探测到了云层下 150 千米处。）

木星可能有一个石质的内核，相当于10~15个地球的质量。

内核上则是大部分的行星物质集结地，以液态氢的形式存在。这些木星上最普通的形式基础可能只在40亿帕压强下才存在，木星内部就是这种环境（土星也是）。液态金属氢由离子化的质子与电子组成（类似于太阳的内部，不过温度低多了）。在木星内部的温度压强下，氢气是液态的，而非气态，这使它成为了木星磁场的电子指挥者与根源。同样在这一层也可能含有一些氦和微量的冰。

最外层主要由普通的氢气与氦气分子组成，它们在内部是液体，而在较外部则气体化了，我们所能看到的就是这深邃的一层的较高处。水、二氧化碳、甲烷及其他一些简单气体分子在此处也有一点儿。

云层的三个明显分层中被认为存在着氨冰、铵水硫化物和冰水混合物。然而，有证据表明云层中这些物质极其稀少。这次证明的地表位置十分不同寻常——基于地球的望远镜观察及更多的来自"伽利略号"轨道飞船的最近观察提示，所选的区域很可能是那时候木星表面最温暖又是云层最少的地区。

木星表面云层的多彩可能是由大气中化学成分的微妙差异及其作用造成的，可能其中混入了硫的混合物，造就了五彩缤纷的视觉效果，但是其详情仍无法知晓。

色彩的变化与云层的高度有关：最低处为蓝色，跟着是棕色与白色，最高处为红色。我们通过高处云层的洞才能看到低处的云层。木星的两极有极光，这似乎是从木卫一上火山喷发出的物质沿着木星的引力线进入木星大气而形成的。木星有光环。光环系统是太阳系巨行星的一个共同特征，主要由小石块和雪团等物质组成。木星的光环很难观测到，它没有土星那么显著壮观，但也可以分成4圈。木星环约有6 500千米宽，但厚度不到10千米。

土 星

土星是太阳系八大行星之一，按离太阳由近及远的次序是第六颗；按体积和质量都排在第二位，仅次于木星。它和木星在很多方面都很相似，也是一颗"巨行星"。从望远镜里看去，土星好像是一顶漂亮的遮阳帽飘行在茫茫宇宙中。它那淡黄色的、橘子形状的星体四周飘拂着绚烂多姿的彩云，腰部缠绕着光彩夺目的光环，可算是太阳系中最美丽的行星了。

土星是扁球形的，它的赤道直径有12万千米，是地球的9.5倍，两极半径与赤道半径之比为0.912，赤道半径与两极半径相差的部分几乎等于地球半径。土星质量是地球的95.18倍，体积是地球的730倍。虽然体积庞大，但密度却很小，每立方厘米只有0.7克。

土星内部也与木星相似，有一个岩石构成的核心。核的外面是5 000千米厚的冰层和8 000千米的金属氢组成的壳层，最外面被色彩斑斓的云带包围着。土星的大气运动比较平静，表面温度很低，约为-140℃。

土星有较多的卫星，截止到1990年已发现了23颗，它还有易见的光环。土星的美丽光环是由无数个小块物体组成的，它们在土星赤道面上绕土星旋转。土星还是太阳系中卫星数目最多的一颗行星，周围有许多大大小小的卫星紧紧围绕着它旋转，就像一个小家族。土星卫星的形态各种各样，五花八门，使天文学家们对它们产生了极大的兴趣。最著名的"土卫六"上有大气，是目前发现的太阳系卫星中，唯一有大气存在的天体。

土星绕太阳公转的轨道是离心率为0.055的椭圆，轨道半长径为

9.576 天文单位，即约为 14 亿千米，它同太阳的距离在近日点时和在远日点时相差约 1 天文单位。公转轨道面与黄道面的交角为 2.5°。公转周期为 10 759.2 天，即约 29.5 年。平均轨道速度为每秒 9.64 千米，自转很快，自转角速度随纬度变化，赤道上自转周期是 10 小时 14 分。高速的自转使土星呈明显的扁球形，极半径只有赤道半径的 91.2%，土星的赤道面与轨道面的交角为 26° 44′。土星的赤道半径为 60 000 千米，是地球的 9.41 倍，体积是地球的 745 倍。质量为 $5.688 \times 1\,029$ 克，是地球的 95.18 倍。在八大行星中，土星的大小和质量仅次于木星，居第二位。由于土星的大半径和低密度，它表面的重力加速度与地球表面相近。

天王星

天王星是太阳由近及远的第七颗行星，在太阳系的体积是第三大，质量排名第四。它的名称来自古希腊神话中的天空之神乌拉诺斯，是克洛诺斯的父亲，宙斯的祖父。天王星是第一颗在现代发现的行星，虽然它的光度与五颗传统行星一样，亮度是肉眼可见的，但由于较为暗淡而未被古代的观测者发现。威廉·赫歇耳爵士在 1781 年 3 月 13 日宣布他的发现，在太阳系的现代史上首度扩展了已知的界限。这也是第一颗使用望远镜发现的行星。

天王星和海王星的内部和大气构成不同于更巨大的气体巨星——木星和土星。同样，天文学家设立了不同的冰巨星分类来安置它们。天王星大气的主要成分是氢和氦，还包含较高比例的由水、氨、甲烷结成的"冰"和可以察觉到的碳氢化合物。它是太阳系内温度最低的行星，最低的温度只有 49K，还有复合体组成的云层结构，水在最低的云层内，而甲烷组成最高处的云层。

如同其他的大行星，天王星也有环系统、磁层和许多卫星。天王星的系统在行星中非常独特，因为它的自转轴斜向一边，几乎就躺在公转太阳的轨道平面上，因而南极和北极也躺在其他行星的赤道位置上。从地球上看，天王星的环像是环绕着标靶的圆环，它的卫星则像环绕着钟的指针。在1986年，来自"旅行者2号"的影像显示，天王星实际上是一颗平凡的行星，在可见光的影像中没有像在其他巨大行星所拥有的云彩或风暴。近年内，随着天王星接近昼夜平分点，地球上的观测者看见了天王星有着季节的变化和渐增的天气活动。天王星的风速可以达到每秒250米。

天王星每84个地球年环绕太阳公转一周，与太阳的平均距离大约30亿千米，阳光的强度只有地球的1/400。他的轨道元素在1783年首度被拉普拉斯计算出来，但预测和观测的位置出现误差。在1841年约翰·柯西·亚当斯首先提出误差也许可以归结于一颗尚未被看见的行星的拉扯。在1845年，勒维耶开始独立进行天王星轨道的研究，在1846年9月23日迦雷在勒维耶预测位置的附近发现了一颗新行星，随后被命名为海王星。

天王星内部的自转周期是17小时14分，但是，和所有巨大的行星一样，上部的大气层朝自转的方向可以体验到非常强的风。实际上，在有些纬度，像是从赤道到南极的2/3路径上，可以看见移动得非常迅速的大气，只要14个小时就能完整地自转一周。

冥王星及其更远处

冥王星，或被称为 134 340 号小行星，它于 1930 年 1 月被发现，并以罗马神话中的冥王普路托命名，中文意译为冥王星。起初，它被认为是太阳系中的一颗大行星，但是在 2006 年 8 月 24 日于布拉格举行的第 26 届国际天文联会中通过第五号决议，将冥王星划为矮行星，将冥王星"开除"出行星行列，这一决定当时在天文学界引发了轩然大波。

2009 年 3 月 9 日，在美国伊利诺伊州决定恢复冥王星的行星资格。时至今日，许多业余天文爱好者仍在他们的望远镜上绑上黑纱，以纪念这一"黑暗时刻"。

还有距离太阳比冥王星还要远的行星，那就是齐娜。

美国加州技术研究所的科学家 2003 年在太阳系的边缘发现了一颗行星，编号为 UB313，暂时命名为齐娜。据悉，各国天文学家于 2006 年 8 月 24 日的国际天文学联合会大会上否认其为大行星。

据介绍，齐娜的直径约 2 398 千米，较太阳系边缘的矮行星冥王星还要大 124 千米。而齐娜距离太阳 145 亿千米，这个距离大约是冥王星和太阳间距离的 3 倍，也就是大约 97 个天文单位，一个天文单位指的是太阳与地球之间的距离。齐娜绕行太阳一周，得花 560 年。它也是迄今为止我们所知道的太阳系中最远的星体，是"库伊伯尔星带"里亮度占第三位的星体。它比冥王星表面的温度低，约 -214℃，是一个非常不适合居住的地方。

这个星体呈圆形，最大可能是冥王星的两倍。他估计新发现的这颗星星的直径估计有 3 380 千米，是冥王星的 1.5 倍。

这个星体与太阳系统的主平面保持着 45° 的夹角，大部分其他行星的轨道都在这个主平面里。这就是它一直没有被发现的原因。

天鹰星云

有一种星云叫做天鹰星云，是在巨蛇座的大型发射星云，星云内有许多年轻恒星和原恒星。

著名的哈勃太空望远镜拍摄到的尘埃和气体云柱，早已不复存在。一颗超新星的冲击波把它们炸得烟消云散。可是，因为光从那里抵达地球需要花费上千年之久，它们幽灵般的图像还将再持续很久才会散尽。

自从哈勃太空望远镜在1995年拍摄到那些"柱子"以来，它们就成了天文学上的标志性图片。它们是一个更大的鹰状星云形成区的一部分，距离地球7 000光年之遥。这就意味着我们现在看见的柱子，是它们7 000年前的模样。

斯必泽太空望远镜拍摄到一幅红外图像，显示了一股前所未见的超新星冲击波对那些柱子构成的威胁。它们正朝着柱子推进，最终会将那些柱子完全清扫一空。在法国奥尔赛的天体物理学空间研究所，科学家尼古拉斯·弗拉吉领导的一个研究小组获得了这幅图像。图像显示出一团被认为是一颗超新星爆炸所加热的热尘云，那场爆炸很可能发生于更早的1 000～2 000年间。

根据热尘云的位置，冲击波看起来会在1 000年内开始冲击柱子。考虑到它们的光抵达地球的7 000年的滞后时间，就意味着那些柱子实际上在6 000年前就被摧毁了。弗拉吉说，只有少数几个气体团块足够致密，可以免遭冲击而幸存下来。当冲击波抵达那里的时候，所有其他部分都将崩溃无余。

现在，研究小组正在搜寻历史记录，看是否能找到为这次"柱子"

毁灭负责的超新星记录。1 000~2 000 年前，在地球上应该可以看见那颗超新星爆发事件。科学家确实在恰当的时间范围内找到了一些可疑的天文记录，但至今未能确定哪颗超新星才是真正的元凶。

2007 年 1 月 9 日，在美国华盛顿州西雅图举行的美国天文学年会发布了这些结果。

天文学家证实，这张最新的大质量恒星爆炸之后的 X 光照片显示高热原子核爆炸反应毁灭了这颗恒星。

水星之最

水星在八大行星中是最小的行星，比月球大 1/3，同时也是最靠近太阳的行星。水星目视星等范围是 0.4 ~5.5。水星太接近太阳，所以常常被猛烈的阳光淹没，它的轨道距太阳 4 590 万 ~ 6 970 万千米之间，因此望远镜很少能够仔细观察它。水星也没有自然卫星。靠近过水星的探测器只有美国探测器"水手 10 号"和美国发射的"信使号"探测器。"水手 10 号"在 1974—1975 年探索水星时，只拍摄到大约 45% 的表面；"信使号"于 2008 年 1 月掠过水星。水星是太阳系中运动最快的行星，绕太阳一周只需 88 天，自转一周需 58 天 15 小时 30 分钟，水星上的一天相当于地球上的 59 天。

在太阳系的八大行星中，水星获得了几个"最"的记录：

离太阳最近。水星和太阳的平均距离为 5 790 万千米，约为日地距离的 0.387，是距离太阳最近的行星，到目前为止还没有发现过比水星更接近太阳的行星。

轨道速度最。快它离太阳最近，所以受到太阳的引力也最大，因此在它的轨道上比任何行星都跑得快，轨道速度为每秒 48 千米，比地球的轨道速度快18千米。这样快的速度，只用15分钟就能环绕地球一周。

一"年"时间最短。地球每年绕太阳公转一圈，而"水星年"是太阳系中最短的年。它绕太阳公转一周只用88天，还不到地球上的3个月。这都是因为水星围绕太阳高速飞奔的缘故。难怪代表水星的标记和符号是根据希腊神话，把它比作脚穿飞鞋，手持魔杖的使者。

表面温差最大。因为没有大气的调节，距离太阳又非常近，所以在太阳的烘烤下，向阳面的温度最高时可达430℃，但背阳面的夜间温度可降到-160℃，昼夜温差近600℃，是行星表面温差最大的，这真是一个处于火和冰之间的世界。

卫星最少。行星太阳系中现在发现了越来越多的卫星，总数超过60颗，但只有水星和金星是卫星数最少，或根本没有卫星的行星。

一"天"时间最长。在太阳系的行星中，水星"年"时间最短，但水星"日"却比别的行星更长，在水星上的一天（水星自转一周）将近两个月（为58.65地球日）。在水星的一年里，只能看到两次日出和两次日落，那里的一天半就是一年。

陨　石

陨石是地球以外的宇宙流星脱离原有运行轨道或成碎块散落到地球上的石体，是从宇宙空间落到某个地方的天然固体，也称"陨星"。它是人类直接认识太阳系各星体珍贵稀有的实物标本，极具收藏价值。据加拿大科学家多年的观测，每年降落到地球上的陨石有20多吨，大概有20 000多块。由于多数陨石落在海洋、荒草、森林和山地等人迹罕至地区，而被人发现并收集到手的陨石每年只有几十块，数量极少。陨石的平均密度在3～3.5间，主要成分是硅酸盐；陨铁密度为7.5～8.0，主要由铁、镍组成；陨铁石成分介于两者之间，密度在5.5~6.0间。陨星的形状各异，最大的陨石是重1 770千克的"吉林1号"陨石，最大的陨铁是纳米比亚的戈巴陨铁，重约60吨；中国陨铁石之冠是新疆清河县发现的"银骆驼"，约重28吨。陨石是来自地球以外太阳系其他天体的碎片，绝大多数来自位于火星和木星之间的小行星，少数来自月球和火星。全世界已收集到4 000多块陨石样品，它们大致可分为三大类：石陨石（主要成分是硅酸盐)、铁陨石（铁镍合金)、和石铁陨石（铁和硅酸盐混合物)。

大部分陨石是球粒陨石（占总数的91.5%)，其中普通球粒陨石最多（占总数的80%)。球粒陨石的特点是其内部含有大量的硅酸盐球体。球粒陨石是太阳系内最原始的物质，是从原始太阳星云中直接凝聚出来的产物，它们的平均化学成分代表了太阳系的化学成分。

鉴定一块样品是否为陨石，可以从以下几方面考虑：

外表熔壳：陨石在陨落地面以前要穿越稠密的大气层，陨石在降落过程中与大气发生摩擦产生高温，使其表面发生熔融而形成一层薄薄的熔壳。因此，新降落的陨石表面都有一层黑色的熔壳，厚度约为1毫米。

表面气印：由于陨石与大气流之间的相互作用，陨石表面还会留下许多气印，就像手指捺下的手印。

内部金属：铁陨石和石铁陨石内部是有金属铁组成，这些铁的镍含量很高（5%~10%)。球粒陨石内部也有金属颗粒，在新鲜断裂面上能看到细小的金属颗粒。

磁性：正因为大多数陨石含有铁，所以95%的陨石都能被磁铁吸住。

球粒：大部分陨石是球粒陨石（占总数的90%)，这些陨石中有大量毫米大小的硅酸盐球体，称作球粒。在球粒陨石的新鲜断裂面上能看到圆形的球粒。

比重：铁陨石的比重远远大于地球上一般岩石的比重。球粒陨石由于含有少量金属，其比重也较重。

陨石在没有落入地球大气层时，是游离于外太空的石质的、铁质的或是石铁混合的物质，若是落入大气层，在没有被大气烧毁而落到地面就形成了我们平时见到的陨石，简单地说，所谓陨石，就是微缩版的小行星撞击了地球而留下的残骸。

陨石按组成成分一般分为三大类，即铁陨石，也叫陨铁。一般铁镍含量在95%以上，密度为8～8.5。其他成分可有硫化物、金刚石、稀土化元素及硅酸盐等。铁陨石约占陨石总量的3%。新疆发现的陨铁含有多种地球上没有的矿物，如锥纹石、镍纹石等宇宙矿物。

金星地貌

在金星表面的大平原上有两个主要的大陆状高地。北边的高地叫伊师塔地，拥有金星最高的麦克斯韦山脉（大约比喜马拉雅山高出2 000米），它是根据詹姆斯·克拉克·麦克斯韦命名的。麦克斯韦山脉包围了拉克西米高原。伊师塔地大约有澳大利亚那么大。南半球有更大的阿芙罗狄蒂地，面积与南美洲相当。这些高地之间有许多广阔的低地，包括有爱塔兰塔平原低地、格纳维尔平原低地以及拉卫尼亚平原低地。除了麦克斯韦山脉外，所有的金星地貌均以现实中的或者神话中的女性命名。由于金星浓厚的大气让流星等天体在到达金星表面之前减速，所以金星上的陨石坑都不超过3.2千米。

金星本身的磁场与太阳系的其他行星相比是非常弱的。这可能是因为金星的自转不够快，其地核的液态铁因切割磁感线而产生的磁场较弱造成的。这样一来，太阳风就可以毫无缓冲地撞击金星上层大气。最早的时候，人们认为金星和地球的水在量上相当，然而，太阳风的攻击已经让金星上层大气的水蒸气分解为氢和氧。氢原子因为质量小逃逸到了太空。金星上氘（氢的一种同位素，质量较大，逃逸得较慢）的比例似乎支持这种理论。而氧元素则与地壳中的物质化合，因而在大气中没有氧气。金星表面十分干旱，所以金星上的岩石要比地球上的更坚硬，从而形成了更陡峭的山脉、悬崖峭壁和其他地貌。一条从南向北穿过赤道的长达1 200千米的大峡谷，是八大行星中最大的峡谷。

另外，根据探测器的探测，发现金星的岩浆里含有水。金星可能与地球一样有过大量的水，但都被蒸发，消散殆尽，使之变得非常干燥。地球如果再比太阳近一些的话也会有相同的命运。由此我们知道为什么基础条件如此相似但却有如此不同的现象的原因。

来自麦哲伦飞行器映像雷达的数据表明大部分金星表面由熔岩流覆盖。有几座大屏蔽火山，类似于夏威夷和火星的奥林匹斯山脉。最近发布的资料显示，金星的火山活动仍很活跃，不过集中在几个热点，大部分地区已形成地形，比过去的数亿年要安静得多了。

金星上没有小的环形山，看起来小行星在进入金星的稠密大气层时没被烧光。金星上的环形山都是一串串的，是由于大的小行星在到达金星表面前，通常会在大气中碎裂。

金星凌日

金星轨道在地球轨道内侧，某些特殊时刻，地球、金星、太阳会在一条直线上，这时从地球上可以看到金星就像一个小黑点一样在太阳表面缓慢移动，天文学称之为"金星凌日"。金星凌日，它是天文摄影数量较多的事件之一。众多科学性和艺术性的影像，不断地从可以看见凌日的区域：欧洲、非洲、北美洲和亚洲产生。以科学的角度来说，专业的天文摄影家注重其中的科学性，以期能够从中发现什么。而以美学的观点来说，凌日影像可以分成数类。一类的主题在于捕捉清晰太阳盘面上的凌日金星；一类着重于捕捉双重凌日，例如有金星和飞机或金星和低轨道国际太空站的暗影同时出现在日面上等；一类则含有趣味形态的云朵。

金星凌日难得一见，但要成功观测凌日现象必须作好充分准备。

首先必须注意保护自己的眼睛。切切不可用普通的太阳镜来直接观测太阳。无论采取什么样的方法来观测，都不要长时间地凝视太阳，必须经常让眼睛休息片刻。

观测者必须使用适当的减光装置来保护眼睛，最好使用专用的日食观测卡，但使用前应仔细检查观测卡的膜层是否完好，是否有小孔等瑕疵。我们还可以用电焊防护玻璃、用烟充分熏黑的普通玻璃或几层过度曝光的胶卷等作为观测工具。比较而言，用望远镜进行投影观测可以取得更好的效果。

在金星进入太阳圆面之前，金星是看不到的。因此，必须根据预报的金星凌始外切时刻和该时刻金星的位置角，耐心地等待金星凌始外切的出现。

在凌日观测中，凌始外切时刻的实测记录比较困难。可以比较准确记录下来的是：凌始内切、凌终内切和凌终外切。凌终外切之后金星就看不到了，凌日过程结束。

世界上第一个用肉眼观察金星凌日的人是阿拉伯自然科学家、哲学家法拉比，他在一张羊皮纸上写道："我看见了金星，它像太阳面庞上的一粒胎痣。"据分析，法拉比目睹到这次金星凌日发生在公元910年11月24日。

世界上第一个向世人预告金星凌日的是德国伟大的天文学家开普勒。他在1629年出版的《稀奇的1631年天象》一书中写道：1631年12月7日将发生金星凌日。

世界上第一个用天文望远镜观察金星凌日的是英国的天文学家霍罗克斯和克拉布特里。他们在1639年12月4日用望远镜观察到17世纪最后一次金星凌日。

火山密布的金星

金星上可谓火山密布，是太阳系中拥有火山数量最多的行星。已发现的大型火山和火山特征有 1 600 多处。此外，还有无数的小火山，没有人计算过它们的数量，估计总数超过 10 万，甚至 100 万。

金星火山造型各异。除了较普遍的盾状火山，还有很多复杂的火山特征和特殊的火山构造。目前为止，科学家在此尚未发现活火山，但是由于研究数据有限，尽管大部分金星火山早已熄灭，仍不排除小部分依然活跃的可能性。

金星与地球有许多共同之处。它们大小、体积接近。金星是太阳系中离地球最近的行星，也被云层和厚厚的大气层所包围。同地球一样，金星的地表年龄也非常年轻，约 5 亿年。

不过在这些基本的类似中，也存在很多不同点。金星的大气成分多为二氧化碳，因此它的地表具有强烈的温室效应。其大气压大约是地球的 90 倍，这差不多相当于地球海面下 1 000 米处的水压。

金星地表没有水，空气中也没有水分存在，其云层的主要成分是硫酸，而且较地球云层的高度高得多。由于大气高压，金星上的风速也相应缓慢。这就是说，金星地表既不会受到风的影响也没有雨水的冲刷。因此，金星的火山特征能够清晰地保持很长一段时间。

金星没有板块构造，没有线性的火山链，没有明显的板块消亡地带。尽管金星上峡谷纵横，但没有哪一条看起来类似地球的海沟。

种种迹象表明，金星火山的喷发形式也较为单一。凝固的熔岩层显示，大部分金星火山喷发时，只是流出的熔岩流。没有剧烈爆发、喷射火山灰的迹象，甚至熔岩也不似地球熔岩那般泥泞粘质，这种现象不难理解。由于大气高压，爆炸性的火山喷发，熔岩中需要有巨大量的气体成分。在地球上，促使熔岩剧烈喷发的主要气体是水气，而金星上缺乏水分子。另外，地球上绝大部分粘质熔岩流和火山灰喷发都发生在板块消亡地带。因此，缺乏板块消亡带，也大大减少了金星火山猛烈爆发的几率。

相信对于金星的内部，大家会很感兴趣，关于金星的内部结构，还没有直接的资料，从理论推算得出，金星的内部结构和地球相似，有一个半径约3 100千米的铁–镍核，中间一层是主要由硅、氧、铁、镁等的化合物组成的"幔"，而外面一层是主要由硅化合物组成的很薄的"壳"。

科学家推测金星的内部构造可能和地球相似，依地球的构造推测，金星地函主要成分以橄榄石及辉石为主的矽酸盐以及一层矽酸盐为主的地壳，中心则是由铁镍合金所组成的核心。

火星生命特征

火星是八大行星之一，按照距离太阳由近及远的次序为第四颗。肉眼看去，火星是一颗引人注目的火红色星，它缓慢地穿行于众星之间，在地球上看，它时而顺行时而逆行，而且亮度也常有变化，最暗时视星等为+1.5，最亮时比天狼星还亮得多，达到-2.9。由于火星荧荧如火，亮度经常变化，位置也不固定，所以中国古代称火星为"荧惑"。而在古罗马神话中，则把火星比喻为身披盔甲浑身是血的战神玛尔斯。在希腊神话中，火星同样被看做是战神阿瑞斯。

火星是地球的近邻。它与地球有许多相同的特征。它们都有卫星，都有移动的沙丘，大风扬起的沙尘暴，南北两极都有白色的冰冠，只不过火星的冰冠是由干冰组成的。火星每24小时37分自转一周，它的自转轴倾角是25°，与地球相差无几。

火星上有明显的四季变化，这是它与地球最主要的相似之处。但除此之外，火星与地球相差就很大了。火星表面是一个荒凉的世界，空气中二氧化碳占了95%。浓厚的二氧化碳大气造成了金星上的高温，但在火星上情况却正好相反。火星大气十分稀薄，密度还不到地球大气的1%，因而根本无法保存热量。这导致火星表面温度极低，很少超过0℃，在夜晚，最低温度则可达到－123℃。

火星被称为红色的行星，这是因为它表面布满了氧化物，因而呈现出铁锈红色。火星表面的大部分地区都是含有大量的红色氧化物的大沙漠，还有赭色的砾石地和凝固的熔岩流。火星上常常有猛烈的大风，大风扬起沙尘能形成可以覆盖火星全球的特大型沙尘暴。每次沙尘暴可持续数个星期。

一直以来火星都以它与地球的相似而被认为有存在外星生命的可能。近期的科学研究表明，目前还不能证明火星上存在生命，相反，越来越多的迹象表明火星更像是一个荒芜死寂的世界。尽管如此，某些证据仍然向我们指出火星上可能曾经存在过生命。例如对在南极洲找到的一块来自火星的陨石的分析表明，这块石头中存在着一些类似细菌化石的管状结构。所有这些都继续使人们对火星生命的是否存在保持极大的兴趣。

月 球

月球也称太阴，俗称月亮。是地球唯一的天然卫星。月球是最明显的天然卫星的例子。在太阳系里，除水星和金星外，其他行星都有天然卫星。月球的年龄大约有46亿年。月球有壳、幔、核等分层结构。最外层的月壳平均厚度约为60~65千米。月壳下面到1 000千米深度是月幔，它占了月球的大部分体积。月幔下面是月核，月核的温度约为1 000℃很可能是熔融状态的。

月球表面有阴暗的部分和明亮的区域。早期的天文学家在观察月球时，以为发暗的地区都有海水覆盖，因此把它们称为"海"。著名的有云海、湿海、静海等。而明亮的部分是山脉，那里层峦叠嶂，山脉纵横，到处都是星罗棋布的环形山。位于南极附近的贝利环形山直径295千米，可以把整个海南岛装进去。最深的山是牛顿环形山，深达8 788米。除了环形山，月面上也有普通的山脉。高山和深谷迭现，别有一番风光。

月球的正面永远都是向着地球，其原因是潮汐长期作用的结果。另外一面，除了在月面边沿附近的区域因天平动而中间可见以外，月球的背面绝大部分不能从地球看见。在没有探测器的年代，月球的背面一直是个未知的世界。月球背面的一大特色是几乎没有月海这种较暗的月面特征。而当人造探测器运行至月球背面时，它将无法与地球直接通讯。

月球约一个农历月绕地球运行一周，每小时相对背景星空移动半度，即与月面的视直径相若。与其他卫星不同，月球的轨道平面较接近黄道面，而不是在地球的赤道面附近。

相对于背景星空，月球围绕地球运行(月球公转)一周所需时间称为一个恒星月；而新月与下一个新月（或两个相同月相之间）所需的时间称为一个朔望月。朔望月较恒星月长是因为地球在月球运行期间，本身也在绕日的轨道上前进了一段距离。

因为月球的自转周期和它的公转周期是完全一样的，地球上只能看见月球永远用同一面向着地球。自月球形成早期，地球便一直受到一个力矩的影响导致自转速度减慢，这个过程称为潮汐锁定。因此，部分地球自转的角动量转变为月球绕地公转的角动量，其结果是月球以每年约38毫米的速度远离地球，同时地球的自转越来越慢。

月球对地球所施的引力是潮汐现象的起因之一。月球围绕地球的轨道为同步轨道，所谓的同步自转并非严格。由于月球轨道为椭圆形，当月球处于近地点时，它的自转速度便追不上公转速度，因此，我们可见月面东部达东经98°的地区，相反，当月球处于远地点时，自转速度比公转速度快，因此我们可见月面西部达西经98°的地区。这种现象称为经天平动。

严格来说，地球与月球围绕共同质心运转，共同质心距地心 4 700千米（即地球半径的2/3处）。由于共同质心在地球表面以下，地球围绕共同质心的运动好像是在"晃动"一般。从地球北极上空观看，地球和月球均以逆时针方向自转；而且月球也是以逆时针绕地运行；甚至地球也是以逆时针绕日公转的。

火星地表

同为八大行星之一的火星和地球一样拥有多样的地形，有高山、平原和峡谷。由于重力较小等因素，地形尺寸与地球相比亦有不同的地方。南北半球的地形有着强烈的对比：北方是被熔岩填平的低原，南方则是充满陨石坑的古老高地，而两者之间以明显的斜坡分隔；火山地形穿插其中，众多峡谷亦分布各地，南北极则有以干冰和水冰组成的极冠，风成沙丘亦广布整个星球。而随着卫星拍摄的越来越多，更发现很多耐人寻味的地形景观。

火星的峡谷，可能会认为是由水造成的，但事实不只如此。除了水，还有由火山活动形成的。由水造成的有可能是洪水短时间冲刷成的、稳定的流水侵蚀成的、或由冰川侵蚀而成；而火山活动所喷发的熔岩流亦可造成熔岩渠道。

火星的低压下，水无法以液态存在，只在低海拔区可短暂存在。而冰倒是很多，如两极冰冠就包含大量的冰。南极冠的冰假如全部融化，可覆盖整个星球达11米深。另外，地下的水冰永冻土可由极区延伸至纬度约60°的地方。

推论有更大量的水冻在厚厚的地下冰层，只有当火山活动时才有可能释放出来。史上最大的一次是在水手谷形成时，大量水释出，造成的洪水刻画出众多的河谷地形，流入克里斯平原。另一次较小但较近期的一次，是在500万年前科伯洛斯槽沟形成时，释出的水在埃律西姆平原形成冰海，至今仍能看见痕迹。对于火星上有冰存在的直接证据在2008年6月20日被"凤凰号"发现，"凤凰号"在火星上挖掘发现了8粒白色的物体，当时研究人员揣测这些物体不是盐（在火星有发现盐矿）就是冰，而4天后这些白粒就凭空消失，因此这些白粒一定升华了，盐不会有这种现象。火星全球勘测者拍的所照的高分辨率照片显示出有关液态水的历史。尽管有很多巨大的洪水道和具有树枝状支流的河道被发现，还是没发现更小尺度的洪水来源。推测这些可能已被风化侵蚀，表示这些河道是很古老的。火星勘测者拍的高解析照片也发现数百个在陨石坑和峡谷边缘上的沟壑。它们趋向坐落于南方高原、面向赤道的陨石坑壁上。因为没有发现部分被侵蚀或被陨石坑覆盖的沟壑，推测它们应是非常年轻的。

另外一个关于火星上曾存在液态水的证据，就是发现特定矿物，如赤铁矿和针铁矿，而这两者都需在有水环境才能形成。

2008年7月31日，美国航空航天局科学家宣布，"凤凰号"火星探测器在火星上加热土壤样本时鉴别出有水蒸气产生，也有可能是太阳烤干了，因为火星离太阳近，从而最终确认火星上有水存在。

火星尘暴

火星表面的平均温度比地球低30℃以上。火星稀薄而干燥的大气使它表面的昼夜温差常常超过100℃，远大于地球上昼夜温差的幅度。火星的赤道附近，最高温度可达20℃左右（约在午后1小时）。到了夜间，由于火星大气保暖作用很差，表面温度很快下降，最低温度（在黎明前）在﹣80℃以下。火星两极地区温度更低，在漫长的极夜，最低温度能降到﹣139℃。

在一些大的盾形火山附近，常常能观测到延伸几百千米的云。估计这是由于火星大气中的气流遇到高耸的环形山地形时被搅乱、上升，在膨胀时变冷所形成的凝固云。这种云都出现在大气中水蒸气增多的夏季。尘暴是火星大气中独有的现象，其形状就像一种黄色的"云"。它是由火星低层大气中卷着尘粒的风构成的。大的尘暴在地面上用较大的望远镜就能观测到。局部的尘暴在火星上经常出现。因为火星大气密度不到地球的1%，风速必须大于每秒40～50米才能使表面上的尘粒移动，但一经吹动之后，即使风速较小，也能将尘粒带到高空。典型的尘暴中绝大部分尘粒估计直径约为10微米。最小的尘粒会被风带到50千米高空。大的尘暴多半发生在南半球的春末，当火星靠近近日点的时候。尘暴的发源地处在太阳直射的纬度线上，经常发生在海纳斯盆地以西几百千米的诺阿奇斯地区。中心尘云在最初几天慢慢扩展，然后很快蔓延开来，几星期内就完全覆盖南半球。特别大的尘暴还能扩展到北半球，进而掩盖整个行星。尘暴的起因看来与太阳的加热作用有关。火星过近日点时，太阳的加热作用大，引起大气温度的不稳定，从而产生最初扬起灰尘的扰动。然而，一旦尘粒到了空中，吸收了更多的太阳能，这种充满尘粒的空气就会比周围大气更热，因而急速上升。别处的空气又扑去填补它原来的位置，造成更强的地面风，形成更大的尘暴。尘暴范围和强度越来越大。当尘暴最终分布到整个火星范围时，火星上温差减小，风逐渐平息，尘粒就慢慢地从大气里沉降下来。沉降过程至少要几个星期，尘暴激烈时可持续几个月之久。几乎每个火星年都要发生一次这种大规模的尘暴。

木星红斑

木星大红斑大约位于木星南半球20°的区域，呈椭圆形。自1665年首次发现以来，它的形状和大小几乎没有什么改变，只是在有些年份，它呈鲜红色，几年后，又变成浅红色。再过几年，又变得非常鲜明，以后又逐渐变浅，变来变去，使人感到神秘，不知道它究竟是个什么东西。

1979年，美国"旅行者1号"飞船飞临木星上空，试图揭开大红斑的奥妙。从飞船拍摄的照片看，大红斑很像一个巨大的旋涡，可能是木星表面的"飓风带"。它以逆时针方向旋转，大约6天转动一周。但是，令人难以理解的是，要维持如此巨大而经久不衰的旋涡，必须有一个巨大而稳定的能量来源。显然，传统观念认为木星不具备这个条件。面对同样的照片，在另一些人看来，大红斑又好像是静止不动的。相反，是周围的大气在围绕红斑转动。大红斑究竟是什么，至今仍然是个谜。

"天体自转论"认为，木星的中心内核是由非能量的星内物质所构成，从非能量性的物质内部不断转化出来的"物能流体"（既有物质的吸引力，又有能量的动能是物质和能量前身的混合物质）的运动，必须形成统一的运动，才能在新生的行星球体表面运动，带动整个球体产生自转运动。否则，如果非能量性的物质球体内分散向外转变"物能流体"，必然会相互碰撞，导致运动力相互抵消，而很难形成统一的运动方向。

因此，一个新生的行星在刚生成时，"物能流体"必然是从非能量性的物质球体内部的中心，不断地从某一点出来的（类似喷泉）。"物能流体"从某一出口处出来后，吸附在新生行星的表面上，必然会形成统一的运动方向。可见行星自转的运动方向取决于行星刚产生时"物能流体"的运动方向。

从自转速度看，木星是一个比较年轻的行星，整个外壳刚刚形成固体的、目前表面还向外释放少许的余热。所以，只有"物能流体"的出口处"喷泉"的区域的温度相对高一些，由此产生木星大红斑现象。

木星的卫星

木星有16颗已知卫星，4颗大的，12颗小的。

由于伽利略卫星产生的引潮力，木星运动正逐渐地变缓。同样，相同的引潮力也改变了卫星的轨道，使它们慢慢地逐渐远离木星。木卫一、木卫二、木卫三由引潮力影响而使公转共动关系固定为1:2:4，并共同变化。木卫四也是这其中一个部分。在未来的数亿年里，木卫四也将被锁定，以木卫三的2倍公转周期，木卫一的8倍运行。

木星是太阳系中拥有最多卫星的行星。其中靠近内侧的地方有4颗特别大。从靠近木星的一端数起依序为：伊奥、欧罗巴、加尼美德、卡利斯托，这是由物理学家伽利略最早发现的，又称为"伽利略四大卫星"。木星的大小与卫星差异很大。除了欧罗巴以外，每颗伽利略卫星都比月球大，加尼美德甚至比水星还大。伊奥的大小和月球差不多，却拥有众多的活火山，地壳运动频繁。有人认为伊奥活火山的能量来自于木星强大的潮汐力。欧罗巴表面布满了无数条纹路花纹，上面几乎看不到陨石坑，十分奇特。这意味着欧罗巴的表面比较新。加尼美德的半径大约为2 600千米，是太阳系中所有卫星中最大的一个，甚至比水星还要大。

土星光环

土星最让人着迷的便是美丽的土星环。

伽利略在 1610 年用自制望远镜观察土星时，发现土星有两个"耳朵"。他误认为土星可能是由一大二小三个天体组成，怀疑这两耳朵是两颗卫星。但他一直不敢将观察结果发表，其原因是"卫星"并没有绕土星公转，似乎永远停留不动。而更令他惊奇的是那两颗"卫星"两年后竟然失踪，三年后又重新出现。

半个世纪后，荷兰天文学家惠更斯用更大更好的望远镜进行观测，才揭开了这个谜。原来那两颗"卫星"是与土星不相连接、环绕在土星赤道面上的光环。这光环由无数形状、大小不等、直径在 7.6 厘米~9 米之间的冰块组成，以很快的速度围绕土星运转，在太阳光的照耀下呈现出各种颜色。光环的直径达 27 万千米，厚度为 10 千米左右，自东向西自转。1675 年，意大利天文学家卡西尼发现光环中有一圈空隙，这就是著名的卡西尼环缝。

土星环的结构在 17-19 世纪被陆续发现。到 20 世纪 80 年代初，至少 3 个探测器对土星"走马观花"，发现环的结构极为复杂。

人们根据地面观测和空间探测，把土星环划分为 7 层。距土星最近的是 D 环，亮度最暗；其次是 C 环，透明度最高；B 环最亮；最后是 A 环。在 A 环和 B 环之间就是著名的卡西尼环缝，缝宽约 5 000 千米。在 A 环之外有 E、F、G 三个环，最外层的是 E 环，十分稀薄和宽广。

"旅行者 1 号"和"旅行者 2 号"探测器把土星环的近距离照片送回后，科学家们非常吃惊：原来每一层又可细分成上千条大大小小的小环，即使被认为空无一物的卡西尼缝也存在几条小环。在照片中可见到

F环有5条小环相互缠绕在一起。土星环的整体形状类似一张巨大的密纹唱片，从土星的云顶一直延伸到32万千米远的地方。光环的颜色远看是红棕色，其实每层都稍有不同，C环是蓝色，B环内层为橙色，外层为绿色，A环为紫色，卡西尼缝是蓝色的。

土星的自转轴和地球一样，也是倾斜的，土星的轴倾角是26.73°，地球则是23.45°。由于土星的光环和赤道是在同一平面上，所以它是对着太阳（也对着我们）倾斜的。当土星运行到其轨道的一端时，我们可由上往下看见光环近的一面，而远的一面仍被遮住。当土星在轨道的另一端时，我们就可由下往上看到光环近的一面，而远的一面依然被遮住。土星从轨道的这一侧转到另一侧需要14年多一点。

在这段时间内，光环也逐渐由最下方移向最上方。行至半路时，光环恰好移动到中间位置，这时我们观察到光环两面的边缘连接在一起，状如"一条线"。随后，土星继续运行，沿着另一半轨道绕回原来的起点，这时光环又逐渐地由最上方向最下方移动；移到正中间时，我们又看见其边缘连接在一起。因为土星环非常薄，所以当光环状如"一条线"时就好像消失了一样。1612年年底，伽利略看到的正是这种情景，据说由于懊恼，他没有再观察过土星。

1675年，J.D.卡西尼发现土星环并不是一个完整的光环。在光环的周围有一条暗线，把光环分成内外两部分。外面的一部分比较窄，而且不如里面那一部分亮，看起来像是两个环套在一起。从那以后，土星环一直被认为是由几个环组成的，这条暗线现在叫做卡西尼缝。

1826年，有德国血统的俄国天文学家斯特鲁维把外面的环命名为A环，把里面的环命名为B环。1850年，美国天文学家W.C.邦德宣称，还有一个比B环更靠近土星的暗淡光环。这个暗淡光环就是C环，C环与B环之间并没有明显的分界。

在太阳系的任何地方都没有像土星环那样的东西，或者说，用任何仪器我们也看不到任何地方有像土星环那样的光环。诚然，我们现在知道，围绕着木星有一个稀薄的物质光环，且任何像木星和土星这样的气体巨行星都可能有一个由靠近它们的岩屑构成的光环。然而，如果以木星的光环为标准，这些光环都是可怜而微不足道的，而土星的环系却是壮丽动人的。从地球上看，从土星环系的一端到另一端，延伸269 700千米，相当于地球宽度的21倍，实际上几乎是木星宽度的2倍。

土星环到底是什么呢？J.D.卡西尼认为它们像铁圈一样是平滑的实心环。可是，1785年拉普拉斯（后来他提出了星云假说）指出，因为环的各部分到土星中心的距离不同，所以受土星引力场吸引的程度也会不同。这种引力吸引的差异（即我前面提过的潮汐效应）会将环拉开。拉普拉斯认为，光环是由一系列的薄环排在一起组成的，它们排列得如此紧密，以致从地球的距离看去就如同实心的一样。

可是，1855年，麦克斯韦（后来他预言了电磁辐射宽频带的存在）提出，即使这种说法也未尽圆满。光环受潮汐效应而不碎裂的唯一原因，是因为光环是由无数比较小的陨星粒子组成的，这些粒子在土星周围的分布方式，使得从地球的距离看去给人以实心环的印象。麦克斯韦的这一假说是正确的，现在已无人提出疑义。

法国天文学家洛希用另一种方法研究潮汐效应，他证明，任何坚固的天体，在接近另一个比它大得多的天体的时候，都会受到强大的潮汐力作用而最终被扯成碎片。这个较小的天体会被扯碎的距离称为洛希极限，通常是大天体赤道半径的2.44倍。这样，土星的洛希极限就是2.44乘以它的赤道半径60 000千米，即146 400千米，A环的最外边缘至土星中心的距离是136 500千米，因此整个环系都处在洛希极限以内。木星环也同样处在洛希极限以内。

很明显，土星环是一些永远也不能聚结成一颗卫星的岩屑（超过洛希极限的岩屑会聚结成卫星——而且显然确实如此），或者是一颗卫星因某种原因过分靠近土星而被扯碎后留下的岩屑。无论是哪一种情况，它们都是余留的一些小天体。（被作用的天体越小，潮汐效应也就越小，碎片小到某个程度之后，就不再继续碎裂了，除非两个小天体相互间偶尔碰撞。）据估计，如果将土星环所有的物质聚合成一个天体，结果将会是一个比我们的月亮稍大的圆球。

土星家族

在宇宙飞船探测土星之前，人们知道土星有10颗卫星。1977年发现了土卫十一，1979年"先驱者1号"飞临土星时，探测到了第12颗卫星。为了纪念它的功绩，起名为"先驱者号"。"旅行者1号"飞船于1980年10月26日和11月10日在近距离考察土星时，又发现了5颗卫星。1981年8月25日"旅行者2号"在距土星云层之上101 000千米处掠过，考察了土星及其光环和9个卫星。这次飞掠土星时，又发现了6颗卫星。

距土星最近的是土卫十五，它与土星的距离为13.7万千米，仅为卫星到土星中心的2.29个土星半径，公转周期为0.601天，其半径只有15千米；最远的是土卫九，平均距离约1 293万千米，它距土星中心为216个土星半径。土卫八的轨道面与土星赤道面的交角为7°52′，属于不规则卫星。土卫九的轨道面与土星赤道面的交角为175°，逆行，轨道偏心率达0.163，也属于不规则卫星。其余的卫星均为规则卫星。有趣的是，土卫四和土卫十二、土卫十和土卫十一都是两个在同一条轨道上；而土卫三、土卫十六和土卫十七则是三星同居一条道。从飞船发回的资料看，没有发现这些卫星上有火山活动的痕迹。

土星的卫星中，土卫六是天文学家关注的天体之一。它于1655年被荷兰天文学家惠更斯发现。长期以来，土卫六一直被认为是卫星中体积最大的，也是太阳系中唯一拥有大气的卫星，其大气成分主要是甲烷；过去认为它的表面温度也不很低，因而人们推测在它上面可能存在生命。"旅行者1号"发回的数据却令人失望，它发现土卫六的直径只有

5 150千米，并不是太阳系中最大的卫星（木卫三的直径最大，为5 262千米），它有一层稠密的大气层和一个液态的表面，其大气层至少有400千米厚，甲烷成分不到1%，大气的主要成分是氮，占98%，还有少量的乙烷、乙烯及乙炔等气体。土卫六的表面温度在-181℃到-208℃之间，液态表面下有一个冰幔和一个岩石核心。飞船未发现存在任何生命的痕迹。土卫六能向外发射电波，使人感到迷惑。此外，土卫六轨道附近有一个氢云。

除土卫六外，天文学家从"旅行者号"飞船发回的资料发现，土星的其他卫星都比较小，在寒冷的表面上都有陨击的疤痕，像破碎了的蛋壳。土卫一表面上有一个直径达128千米的陨石坑；土卫二有着荒凉的平原、陨石坑和断皱的山脊，它的不同区域代表着不同的历史时期；土卫三上有一个又深又宽，长约800千米的裂谷；土卫四表面有稀疏而明亮的条纹，它们都环绕着陨石坑。

幽暗的海王星

海王星是环绕太阳运行的第八颗行星，也是太阳系中第四大天体。海王星在直径上小于天王星，但质量比它大。

在天王星被发现后，人们注意到它的轨道与根据牛顿理论所推知的并不一致。因此科学家们预测存在着另一颗遥远的行星从而影响了天王星的轨道。在1846年9月23日首次观察到海王星。

宇宙飞船"旅行者2号"于1989年8月25日造访过海王星。几乎我们所知的全部关于海王星的信息来自这次短暂的会面。

海王星的组成成分与天王星很相似：有各种各样的"冰"和含有15%的氢和少量氦的岩石。海王星相似于天王星但不同于土星和木星，它或许有明显的内部地质分层，但在组成成分上有着或多或少的一致性。但海王星很有可能拥有一个岩石质的小型地核。它的大气多半由氢气和氦气组成，还有少量的甲烷。

海王星的蓝色是大气中甲烷吸收了日光中的红光造成的。

作为典型的气体行星，海王星上呼啸着按带状分布的大风暴或旋风，海王星上的风暴是太阳系中最快的，时速达到2 000千米。

和土星、木星一样，海王星内部有热源——它辐射出的能量是它吸收的太阳能的两倍多。

海王星也有光环。在地球上只能观察到暗淡模糊的圆弧，而非完整的光环。但"旅行者2号"的图像显示这些弧完全是由亮块组成的光环。其中的一个光环看上去似乎有奇特的螺旋形结构。

同天王星和木星一样，海王星的光环十分暗淡，但它们的内部结构仍是未知数。

海王星的四季

海王星是人们计算出来的行星。天王星发现后，人们发现它的预报位置和实际总不相符，1845年亚当斯和勒威耶分别计算除了天王星外还有一颗行星，并计算出了轨道和质量。1846年9月，终于在预报位置"捉住"了它。通过望远镜观察到，海王星是一颗淡绿色的行星。

海王星和太阳的距离大约44.95亿千米，是地球到太阳距离的30倍。它表面单位面积受到的太阳光只有地球上的1/900，表面温度很低，达-230℃。那儿的冰层厚达8 000米，在冰层下面是由岩石构成的核心，核心质量和地球差不多。核心的温度高达2 000~3 000℃。冰层外面是浓密的大气层。大气的主要成分是氢，还有甲烷和氨。海王星的内部结构与天王星差不多，但岩石核心比天王星要大。海王星赤道半径为24 750千米，是地球赤道半径的3.9倍。海王星质量为地球质量的17.22倍。海王星上的一年比地球上的一年长得多，它绕太阳公转一周需要164.8年。海王星上四季的变化，冬季和夏季温差不大，每一季节长达41年以上。由于看不到海王星表面的特征，所以确定它的自转周期是很困难的。海王星上一昼夜约为17小时50分钟。海王星和天王星在体积、质量方面都非常相似，它们的化学组成、内部结构也大同小异，因而人们常把它们看做是一对"孪生姐妹"。除了海卫一和海卫二这两颗人们熟悉的卫星外，海王星还有另外6颗卫星，它们是"旅行者2号"发现的。1989年8月，"旅行者2号"飞跃海王星时，证实海王星周围存在着至少5条完整和比较完整的环，从最里面的环到海王星之间，还有一个很宽的、主要由尘埃物质组成的壳层，其中两条双带比较明亮。

与太阳相距遥远的海王星接收到的日照热量仅为地球的1/900，但美国宇航局的观测结果首次揭示，即使在这样一颗冷寂的行星上，可能也有春天，也有四季的转换。美国太空望远镜科学研究所的新闻公报说，科学家们利用哈勃太空望远镜进行了为期6年的观测后发现，海王星南半球大气层云带的宽度和亮度都在明显增加。科学家认为，这些都是海王星季节变换的征兆。

参与这项研究的美国科学家指出，海王星云带近年来出现的变化是对太阳光照季节性变化的一种反应，这种现象与我们在地球上看到的季节变换类似。找到遥远的海王星季节变化的证据，这一点本身就具有不同寻常的意义。

彗　星

彗星是星际间物质，俗称"扫把星"。在《天文略论》这本书中写道：彗星为怪异之星，有首有尾，俗像其形而名之曰扫把星。

彗星的轨道有椭圆、抛物线、双曲线三种。椭圆轨道的彗星又叫周期彗星，另两种轨道叫非周期彗星。周期彗星又分为短周期彗星和长周期彗星。一般彗星由彗头和彗尾组成。彗头包括彗核和彗发两部分，有的还有彗云。并不是所有的彗星都有彗核、彗发、彗尾等结构。我国古代对于彗星的形态已很有研究，在长沙马王堆西汉古墓出土的帛书上就画有29幅彗星图。在晋书《天文志》上清楚地说明彗星不会发光，系因反射太阳光而为我们所见，且彗尾的方向背向太阳。彗星的体形庞大，但其质量却小得可怜，就连大彗星的质量也不到地球的万分之一。由于彗星是由冰冻着的各种杂质、尘埃组成的，在远离太阳时，它只是个云雾状的小斑点；而在靠近太阳时，因凝固体的蒸发、气化、膨胀、喷发，它就产生了彗尾。彗尾体积极大，可长达上亿千米。它形状各异，有的还不止一条，一般总向背离太阳的方向延伸，且越靠近太阳彗尾就越长。宇宙中彗星的数量极大，但目前观测到的仅约有1 600颗。彗星的轨道与行星的轨道很不相同，它是极扁的椭圆，有些甚至是抛物线或双曲线轨道。轨道为椭圆的彗星能定期回到太阳身边，称为周期彗星；轨道为抛物线或双曲线的彗星，终生只能接近太阳一次，而一旦离去，就会永不复返，称为非周期彗星，这类彗星或许原本就不是太阳系成员，它们只是来自太阳系之外的过客，无意中闯进了太阳系，而后又义无反顾地回到茫茫的宇宙深处。周期彗星又分为短周期（绕太阳公转周期短于200年）和长周期（绕太阳公转周期超过200年）彗星。

目前，已经计算出600多颗彗星的轨道。彗星的轨道可能会受到行星的影响，产生变化。当彗星受行星影响而加速时，它的轨道将变扁，甚至成为抛物线或双曲线，从而使这颗彗星脱离太阳系；当彗星减速时，轨道的偏心率将变小，从而使长周期彗星变为短周期彗星，甚至从非周期彗星变成了周期彗星，以致被"捕获"。

星际脏雪球

为什么说彗星是"脏雪球"？

1986年春，在太空遨游了76年的哈雷彗星又一次回到太阳身边，苏联、日本和美国的4艘飞船对它进行了科学考察。这支"探彗舰队"发现，哈雷彗星的外形像个怪模怪样的大土豆，长约15 000米，粗约5 000米，在太阳光照射下源源不断地喷出气体和尘埃。据测定，这颗著名彗星喷出的气体中80%左右是水分子，它在靠近太阳时每分钟要蒸发掉相当于几个游泳池的水。

这些发现证明，彗星确实是个"脏雪球"。

脏雪球这个模型的概念，是19世纪的德国天文学家海恩及英国天文学家兰阿特首先提出的。但直至1949年，美天文学家惠普尔才将这模型提出。他认为彗核就是"脏雪球"，是由冰冻的固态气体分子夹杂细尘粒组成，组织疏松。接着苏联天文学家威斯萨斯基及莱文再加发展，提出彗核是不良导热体，当彗星接近太阳时，仅仅彗核表层受热被蒸发，而内部则受热很慢，仍保持冰冻状态，因而寿命也可达几千个公转周期。又由于固态气体的不同性质，当接近太阳时，即在几个天文单位位置时，首先向外蒸发的物质是甲烷，至火星附近则为二氧化碳及氨气。当愈来愈接近近日点时，氢气及水气也受热蒸发。当各种气体混杂逸出，向外膨胀，同时微尘也被斥力推出，便形成彗发及彗尾。另外，彗尾所含各种分子由于光解作用而分解，彗星的物质亦因此逐渐消耗。

另外值得一提的是，当1910年5月18日地球穿过哈雷彗星的尾巴的时候，彗尾与地球的比例就像鲸鱼的尾巴和小气球之比。虽然这条华而不实的尾巴并没有影响地球，但已经惊动了地球人。原因是人类于1907年利用物端棱镜的办法来拍摄彗星的光谱，发觉彗星含有碳氢化合物及氰气，即大家都认识的沼气和有毒气体。所以当知道地球将会穿过哈雷彗星的尾巴时，很多人都担心沼气会将地球的氧气烧尽，而有毒气体则会将地球上的生物全部毒死。这些论调在欧美传开之后，造成一次世界末日的大恐慌，人人都担心地球难逃浩劫，全人类会同归于尽。投机的商人也因此大做生意，推出氧气筒及防毒面具等商品，甚为畅销。更有一类产品名为"氧气糖"的糖果也大行其道。

5月18日平静地过去了，地球大气丝毫没有被彗尾的气体所污染，人类照样在地球上生活着。因为天文学家告诉我们，彗星尾巴的稀薄程度很低，人类在地球上所能做到的真空状态也及不上彗尾的稀薄程度，所以担心是多余的。

美国天文学家惠普尔提出，彗星的彗核是个主要由水、冰构成的"雪球"，它还夹杂着许多其他气体和尘埃，整个彗核直径不过几千米大小。在宇宙空间，彗星表面温度只要加热到100℃就开始挥发。当它们接近太阳，太阳的热量足以使彗核表面物质大量汽化，形成明显的彗发。这次哈雷彗星回归时，惠普尔已经年逾80，他为自己的"脏雪球"模型获得证实而兴奋得彻夜难眠。

彗星与生命

彗星是一种很特殊的星体，与生命的起源可能有着重要的联系。彗星中含有很多气体和挥发成分。明彗星中富含有机分子，许多科学家注意到了这个现象，并大胆地猜想：也许，生命起源于彗星！

科学家对白垩纪——第三纪界线附近地层的有机尘埃作了这样的解释：一颗或几颗彗星掠过地球，留下的氨基酸形成了这种有机尘埃；并由此指出，在地球形成早期，彗星也能以这种方式将有机物质像下小雨一样洒落在地球上——这就是地球上的生命之源。

地球的生命起源一直以来有多种说法，其中的一个版本是，彗星尘埃带来的有机分子帮助地球产生生命。德国和美国的研究人员近日首次在彗星尘埃中发现了在生命形成过程中起重要作用的一种辅酶，从而为上述说法提供了新的佐证。

科学家借助安装在美国"星尘"飞船上的一种新型光谱仪发现，彗星尘埃中存在一类称为PQQ的辅酶，它是产生遗传物质的许多必要前提中的一个。

参与研究的科学家、曾在德国马普学会高空大气物理学研究所工作的彗星研究专家约亨·基塞勒说，这类物质是生命形成过程中的重要一环，它存在于除了古细菌外的所有生物中。迄今在科学上还无法解释，在生物出现前，这种物质是如何在地球上产生的。

基塞勒认为，辅酶与其他许多分子随着彗星尘埃在几十亿年前抵达地球，它们促使含氮和碳的化合物产生基因构件。在与水和其他因素的共同作用下，生命可能由此产生。他说，PQQ辅酶本身可能是在宇宙射线作用下由矿物颗粒表面存在的分子产生的。

　　"星尘"飞船1999年2月发射升空，开始了对"怀尔德-2"彗星的探测之旅，并与该彗星"擦肩而过"，在离彗核最近240千米的距离上对彗星进行观测。

哈雷彗星

　　大部分彗星都不停地围绕太阳沿着很扁长的轨道运行。循椭圆形轨道运行的彗星，叫"周期彗星"。公转周期一般在3年至几世纪之间。周期只有几年的彗星多数是小彗星，直接用肉眼很难看到。不循椭圆形轨道运行的彗星，只能算是太阳系的过客，一旦离去就不见踪影。大多数彗星在天空中都是由西向东运行。但也有例外，哈雷彗星就从东向西运行的。

　　哈雷彗星的平均公转周期为76年，但是你不能用1986年加上几个76年得到它的精确回归日期。主行星的引力作用使它周期变更，陷入一个又一个循环。非重力效果也扮演了使它周期变化的重要角色。在公元前239年到公元1986年，公转周期在76.0年到79.3年之间变化。

　　哈雷彗星的公转轨道是逆向的，与黄道面呈18°倾斜。另外，像其他彗星一样，偏心率较大。哈雷彗星的彗核大约为 $16 \times 8 \times 8$ 千米。与先前预计的相反，哈雷彗星的彗核非常暗：它的反射率仅为0.03，使它比煤还暗，成为太阳系中最暗物体之一。哈雷彗星彗核的密度很低，说明它多孔，可能是因为在冰升华后，大部分尘埃都留了下来所致。

　　彗星本身是不会发光的。早在我国晋代，天文学家就认识到了这一点。《晋书·天文志》中记载，"彗本无光，反日而为光"。彗星是靠反射太阳光而发光的。一般彗星的发光都是很暗的，它们的出现只有天文学家用天文仪器才可观测到。只有极少数彗星，被太阳照得很明亮，拖着长长的尾巴，才被我们所看见。

哈雷彗星第一颗经推算预言必将重新出现而得到证实的著名大彗星。当它在1682年出现后，英国天文学家哈雷注意到它的轨道与1607年和1531年出现的彗星轨道相似，认为是同一颗彗星的三次出现，并预言它将在1758年底或1759年初再度出现。虽然哈雷死于1742年，没能看到它的重新出现，但在1759年它果然又回来了，这是天文学史上一个惊人成就。这颗彗星因而命名为哈雷彗星。从公元前240年起，哈雷彗星每次出现，中国都有记载，其次数之多和记录之详，是其他国家所没有的。哈雷彗星的原始质量估计小于10万亿吨。如取近似值，彗核平均密度为每立方厘米1克，估计它每公转一圈，质量减少约20亿吨，这只是其总质量的很小一部分，因此它还会存在很久。

流　星

流星是分布在星际空间的细小物体和尘粒，叫做流星体。它们飞入地球大气层，跟大气摩擦发生了光和热，最后被燃尽成为一束光，这种现象叫流星，如果没有燃尽就是陨星。通常所说的流星是指这种短时间发光的流星体。俗称贼星。大约92.8%的流星的主要成分是二氧化硅（也就是普通岩石），5.7%是铁和镍，其他的流星是这三种物质的混合物。

太阳系内除了太阳、八大行星及其卫星、小行星、彗星外，在行星际空间还存在着大量的尘埃微粒和微小的固体块，它们也绕着太阳运动。在接近地球时由于地球引力的作用会使其轨道发生改变，这样就有可能穿过地球大气层。或者，当地球穿越它们的轨道时也有可能进入地球大气层。由于这些微粒与地球相对运动速度很高，与大气分子发生剧烈摩擦而燃烧发光，在夜间天空中表现为一条光迹，这种现象就叫流星，一般发生在距地面高度为80～120千米的高空中。流星中特别明亮的又称为火流星。造成流星现象的微粒称为流星体，所以流星和流星体是两种不同的概念。

流星包括单个流星（偶发流星）、火流星和流星雨三种，流星体进入大气层就能形成肉眼可见亮度的流星。

流星体的质量一般很小，比如产生5等亮度流星的流星体直径约0.5cm，质量0.06毫克。肉眼可见的流星体直径在0.1~1厘米之间。它们与大气的相对速度与流星体进入地球的方向有关，如果与地球迎面相遇，速度可超过每秒70千米，如果是流星体赶上地球或地球赶上流星体而进入大气，相对速度为每秒10余千米。但即使每秒10千米的速度也已高出子弹出枪膛速度的10倍，足以与大气分子、原子碰撞、摩擦而燃烧发光，形成流星而被人们看到。大部分流星体在进入大气层后都汽化殆尽，只有少数大而结构坚实的流星体才能因燃烧未尽而有剩余固体物质降落到地面，这就是陨星。特别小的流星体因与大气分子碰撞产生的热量迅速辐射掉，不足以使之汽化。据观测资料估算，每年降落到地球上的流星体，包括汽化物质和微陨星，总质量约有20万吨之巨。

以尘埃的形式飘浮在大气中并最终落到地面上，称为微陨星。

流星体是穿行在星际空间的尘埃和固体小块，数量众多，沿同一轨道绕太阳运行的大群流星体，称为流星群。其中石质的叫陨石；铁质的叫陨铁。

流星雨来源于宇宙中那些千变万化的小石块，其实是由彗星衍生出来的。当彗星接近太阳时，太阳辐射的热量和强大的引力会使彗星一点一点地瓦解，并在自己的轨道上留下许多气体和尘埃颗粒，这些被遗弃的物质就成了许多小碎块。如果彗星与地球轨道有交点，那么这些小碎块也会被遗留在地球轨道上，当地球运行到这个区域的时候，就会产生流星雨。

星座流星雨

狮子座流星雨

狮子座流星雨在每年的 11 月 14–21 日左右出现。一般来说，流星的数目大约为每小时 10～15 颗，但平均每 33～34 年狮子座流星雨会出现一次高峰期，流星数目可超过每小时数千颗。流星雨产生时，流星看来会像由天空上某个特定的点发射出来，这个点称为"辐射点"，由于狮子座流星雨的辐射点位于狮子座，因而得名。

双子座流星雨

双子座流星雨在每年的 12 月 13–14 日左右出现，最高时流量可以达到每小时 120 颗，且流量极大的持续时间比较长。双子座流星雨源自小行星 1983TB，该小行星由 IRAS 卫星在 1983 年发现，科学家判断其可能是"燃尽"的彗星遗骸。双子座流星雨辐射点位于双子座，是著名的流星雨。

英仙座流星雨

英仙座流星雨每年固定在 7 月 17 日–8 月 24 日这段时间出现，它不但数量多，而且几乎从来没有在夏季星空中缺席过，是最适合非专业流星观测者的流星雨，地位列全年三大周期性流星雨之首。1992 年该彗星通过近日点前后，英仙座流星雨大放异彩，流星数目达到每小时 400 颗以上。

猎户座流星雨

猎户座流星雨有两种，辐射点在参宿四附近的流星雨一般在每年的10月20日左右出现；辐射点在ν附近的流星雨则发生于10月15日–10月30日，极大日在10月21日，我们常说的猎户座流星雨是后者，它是由著名的哈雷彗星造成的，哈雷彗星每76年就会回到太阳系的核心区，散布在彗星轨道上的碎片，由于哈雷彗星轨道与地球轨道有两个相交点，形成了著名的猎户座流星雨和宝瓶座流星雨。

金牛座流星雨

金牛座流星雨在每年的10月25日–11月25日左右出现，一般11月8日是其极大日，Encke彗星轨道上的碎片形成了该流星雨，极大日时平均每小时可观测到五颗流星划空而过，虽然其流量不大，但由于其周期稳定，所以也是广大天文爱好者热衷的对象之一。

天龙座流星雨

天龙座流星雨在每年的10月6日–10日左右出现，极大日是10月8日，该流星雨是全年三大周期性流星雨之一，最高时流量可以达到每小时400颗。

天琴座流星雨

天琴座流星雨一般出现于每年的4月19 日–23日，通常22日是极大日。该流星雨是我国最早记录的流星雨，在古代典籍《春秋》中就有对其在公元前687年大爆发的生动记载。彗星1861I的轨道碎片形成了天琴座流星雨，该流星雨作为全年三大周期性流星雨之一，在天文学中也占有着极其重要的地位。

流星雨的形成

流星有单个流星、火流星、流星雨几种。单个流星的出现时间和方向没有什么规律，又叫偶发流星。火流星也属偶发流星，只是它出现时非常明亮，像条火龙且可能伴有爆炸声，有的甚至白昼可见。许多流星从星空中某一点(辐射点)向外辐射散开，这就是流星雨。陨石是太阳系中较大的流星体闯入地球大气后未完全燃烧尽的剩余部分，它给我们带来丰富的太阳系天体形成演化的信息，是受人欢迎的不速之客。一般的流星体，密度都极低，约是水密度的1/20。每天都约有数十亿、上百亿流星体进入地球大气，它们总质量可达20吨。

在各种流星现象中，最美丽、最壮观的要数流星雨现象。当它出现时，千万颗流星像一条条闪光的丝带，从天空中某一点(辐射点)辐射出来。流星雨以辐射点所在的星座命名，如仙女座流星雨，狮子座流星雨等。历史上出现过许多次著名的流星雨：天琴座流星雨、宝瓶座流星雨、狮子座流星雨、仙女座流星雨等，中国在公元前687年就记录到天琴座流星雨，"夜中星陨如雨"，这是世界上最早的关于流星雨的记载。

流星雨的出现是有规律的，它们往往在每年大致相同的日子里重复出现，因此它们又被称为"周期流星"。

流星雨的形成是由于在行星际空间有许多流星体组成的"流星群"，当地球与流星群相遇时，就会有大量的流星进入地球大气，形成壮观的流星雨。流星群可能是彗星物质扩散到轨道上形成的，就像比拉彗星碎裂后则形成了仙女座流星雨。事实是不是这样呢？这又是一个需要证实的天体之谜。

1908年6月30日早晨，一个来自太空的巨大物体以极高的速度冲进了地球大气层，在西伯利亚通古斯河流域一个人烟稀少的沼泽深林区爆炸。它发出震耳欲聋的轰响，强大的冲击波掀倒并焚烧了方圆60千米范围的杉树，巨大的火柱冲天而起，又黑又浓的蘑菇云升腾到20多千米的高空，大火一直燃烧了好几天。对于这次爆炸，有人认为这是一颗巨型陨石陨落造成的，但现场却没找到陨石坑和陨石碎片；有人认为这是一颗彗星闯入地球大气，由于彗核和地球大气猛烈摩擦而产生爆炸；还有人认为这是地外文明派来的一艘以原子能为动力的宇宙飞船的爆炸引起的。总之，这个谜的揭晓令人拭目以待。

人类登月计划

1958–1976年，在冷战背景下，美国和苏联展开了以月球探测为中心的空间竞赛，掀起了第一次探月高潮。在将近20年的时间里，美国和苏联共发射83个月球探测器，成功45个，成功率为55.5%。1969年7月，美国"阿波罗11号"飞船实现了人类首次登月，把人类的第一个脚印踩上了月球。之后，阿波罗12、14、15、16、17和苏联的"月球号"16、20和24进行了载人和不载人登月取样，共获得了382千克的月球样品和难以计数的科学数据。月球探测取得了划时代的成就。

美国最早于1958年8月18日发射月球探测器，但由于第一级火箭升空爆炸，半途夭折了。随后又相继发射3个"先锋号"探测器，均告失败。1959年1月2日，苏联发射"月球1号"探测器，途中飞行顺利，1月4日从距月球表面7 500千米的地方通过，遗憾的是未能命中月球。"月球1号"发射两个月后的3月3日，美国发射的"先锋4号"探测器，从距月面59 000千米的地方飞过，也未击中月球。

从1958年至1976年，苏联发射24个"月球号"探测器，其中18个完成探测月球的任务。1959年9月12日发射的"月球2号"，两天后飞抵月球，在月球表面的澄海硬着陆，成为到达月球的第一位使者，首次实现了从地球到另一个天体的飞行。它装载的无线电通信装置，在撞击月球后便停止了工作。同年10月4日，"月球3号"探测器飞往月球，3天后环绕到月球背面，拍摄了第一张月球背面的照片，让人们首次看全了月球的面貌。

世界上率先在月球软着陆的探测器，是1966年1月31日发射的"月球9号"。它经过79小时的长途飞行之后，在月球的风暴洋附近着陆，用摄像机拍摄了月面照片。1970年9月12日发射的"月球16号"，9月20日在月面丰富海软着陆，第一次使用钻头采集了120克月岩样品，装入回收舱的密封容器里，于24日带回地球。1970年11月10日，"月球17号"载着世界上第一辆自动月球车上天。17日在月面雨海着陆后，"月球1号"下到月面进行了10个半月的科学考察。最后一个"月球24号"探测器于1976年8月9日发射，8月18日在月面危海软着陆，钻采并带回170克月岩样品。至此，苏联对月球的无人探测宣告完成，人们对月球的认识更加丰富和完整了。美国继苏联之后，先后发射了9个"徘徊者号"和7个"勘测者号"月球探测器。后来，美国又发射了5个月球轨道环行器。

美国的"阿波罗11号"载人登月成功，成为人类对月球探测的一个里程碑，是一个划时代的标志事件。

随着冷战的结束，人类长达18年没有进行过任何成功的月球探测行动。

月球探测是人类进行太阳系探测的历史性开端，大大促进了人类对月球、地球和太阳系的认识，带动了一系列基础科学的创新，促进了一系列应用科学的新发展。

月球探测，尤其是载人登月，是人类迈出地球摇篮的第一步，是整个人类历史进程的里程碑。人类在宇宙空间展示的智慧创举、超强能力和攀登精神，是人类开拓进取、求实创新的光辉范例，增强了人类探索宇宙、建设好地球家园的信心。

月球探测成为人类历史和科学技术发展史上划时代的标志性事件。

第一次月球探测高潮最主要的推动力，是冷战和空间霸权争夺的政治需求。美国与苏联正是通过月球探测，建立和完善了庞大的航天工业和技术体系；有力地带动和促进了一系列科学技术的快速发展；月球探测技术在军事和民用领域得到延伸、推广和二次开发，形成了一大批高科技工业群体，包括微电子、计算机遥感、遥测遥控、微波雷达、红外与激光、超低温、超高温和超高真空技术以及冶金、化工、机械、电子视听声像和信息传递等，产生了显著的社会经济效益。

据不完全统计，从阿波罗计划派生出了大约3 000多个应用技术成果，登月后短短几年内，这些应用技术就取得了巨大的效益。

发生在几十年前的人类第一次探月高潮，取得了巨大成果。

侦察卫星

侦察卫星就是眼睛，可以为我们提供需要的信息。侦察卫星又名间谍卫星，其主要用于对其他国家或是地区进行情报搜集，搜集的情报种类可以包含军事与非军事的设施与活动，自然资源分布、运输与使用，或者是气象、海洋、水文等资料的获取。由于现在的领空尚未包含地球周遭的轨道空域，利用卫星搜集情报避免了侵犯领空的纠纷；而且因为操作高度较高，不易受到攻击。

目前各种光学摄影的效果的最大分辨率是各国家的机密，不过从各种公开或者是半公开的资讯当中，很多人相信目前的侦察卫星要取得地面上的车牌的数字是轻而易举的，至于是否可以连报纸上的文字都能够清晰的获得，就没有足够的资料予以佐证。

1959年2月28日，美国加利福尼亚州范登堡空军基地里，有一枚高大的"宇宙神——阿金纳A"火箭耸入云端，它那圆锥形的顶端就是人类历史上的第一颗间谍卫星，美国谍报部门称它为："发现者1号"。当倒数计数到零时，火箭便呼啸着把"发现者1号"送入了太空轨道。1960年10月，"宇宙神——阿金纳A"又运载着另一颗间谍卫星"萨摩斯"升上了蓝天。它在太空运行中可以进行大量的录音和录像，比如它在苏联和中国的上空轨道上飞行一圈所收集到的情报比一个最老练、最有见识的间谍花费一年时间所收集的情报还要多上几十倍。苏联也于1962年发了"宇宙号"间谍卫星，对美国和加拿大进行高空间谍侦察。截止到1982年底，美国和苏联分别发射了373颗和796颗专职间谍卫星，总数达 1 169颗，这1 000余名"超级间谍"在几百千米高的太空上，日日夜夜监视着地球的任何一个角落。现代的技术侦察主要是空间侦察，而空间侦察则又是利用各种间谍卫星来实施的。这类间谍卫星主要包括照相侦察卫星、电子侦察卫星、海洋监视卫星、导弹预警卫星和核爆探测卫星。

间谍卫星具有侦察范围广、飞行速度快、遇到的挑衅性攻击较少等优点，苏美两国都对它格外钟情，把它当做"超级间谍"来使用。当年，美、苏两家的战略情报有70%以上是通过间谍卫星获得的。1973年10月中东战争期间，美、苏竞相发射卫星来侦察战况。美国间谍卫星"大鸟"拍摄下了埃及二三军团的接合部没有军队设防的照片，并将此情报迅速通报给以色列，以军装甲部队便偷渡过苏伊士运河，一下子切断了埃军的后勤补给线，转劣势为优势。在此同时，苏联总理也带着苏联间谍卫星拍摄下来的照片，匆匆飞往开罗，劝说埃军停火。1982年，马岛之战期间，苏联、美国频繁地发射间谍卫星，对南大西洋海面的战局进行密切的监视，并分别向英国和阿根廷两国提供敌方军事情况的卫星照片。可以说，间谍卫星的数量和发射次数，已经成了国际政治、军事等领域内斗争的"晴雨表"了。

技术试验卫星

技术试验卫星是进行新技术试验或为应用卫星进行试验的卫星。

人造卫星在发射上天前必须经过一系列的地面试验，以考验卫星的技术性能。但是地面环境毕竟不同于天上，在地面上试完了还必须上天"实施"试一试。无论哪个国家在发射每一种应用卫星之初，都要发射一些技术试验卫星。美国的返回式卫星就是发射了12颗技术试验卫星后才掌握了卫星回收技术的。

从1966年12月到1974年5月，美国曾发射了6颗多用途技术试验卫星。它们叫"应用技术卫星"系列。卫星进行了很多试验：空—地和船—岸之间的话音通信；传输全球云层分布图、卫星导航、卫星天线作用、卫星姿态稳定及无线电传输等，为美国以后的通信卫星，气象卫星，导航卫星，资源卫星的研制、应用作了大量的准备。

随着试验项目的完成，人们逐渐掌握了某类卫星的技术和应用技术，于是在新种类卫星诞生前，试验卫星的发射便大大减少了。

"实践1号"卫星是中国第一颗科学探测和技术实验卫星。它1971年3月3日发射，重221千克，外形为近似球体的多面体，直径1米。它的主要任务是试验星上太阳能电池供电系统，主动无源温度控制系统，长寿命遥测设备及无线电线路性能及其他太空环境探测。"实践1号"的设计寿命为一年，可它实际在太空中工作了8年之久，直到1979年6月17日才陨落。

技术试验卫星中最让普通人感兴趣的是生物卫星。我们知道，在载人航天之前必须先进行动物试验，看看动物能否适应太空生活，看看太空失重，强辐射的环境对动物生长、发育、遗传、生育有什么影响，采取什么防护措施，然后才能慎重地将人送上天。

1957年11月3日，苏联发射了一颗载有一只名叫"莱伊卡"小狗的人造卫星——人造地球卫星二号，这是世界上第一颗生物卫星。5 000克重的莱伊卡在不大的卫星舱里生活得很好，科学家为它设计了一套生命保障系统，使舱内的环境和地面一样，并带有食物。莱伊卡的身上缚上了各种监测血压、呼吸、心率等生理指标的探头，遥测信息传回来后供地面科学家研究。由于当时人类还未掌握卫星回收技术，可怜的莱伊卡孤独地在天上转了6天后死去了。此后，苏联自1966年开始执行专门研究空间生命科学的生物卫星计划，基本上每隔一二年发射一颗生物卫星。到1987年一共发射了10颗，这些卫星都编在"宇宙号"的系列卫星中。星上装了猴子、狗、白鼠、乌龟、苍蝇、细菌、藻类、植物种子等生物，对它们进行了重力生理学、放射生物学和发育生物学实验。卫星飞行最长时间为22天，最短为5天。苏联的生物卫星计划是一项国际合作项目，东欧诸国以及美国、法国等都参加了实验。

美国1963年制订了生物卫星计划，原计划发射6颗卫星，实际只发射了3颗。1975年以后，美国的空间生命科学研究依靠苏联的"宇宙号"生物卫星完成。

中国在1990年10月5日发射的返回式卫星上也进行了太空动物试验，两只雄性小白鼠率先光顾宇宙，览尽九天风光。它们在天上生活了5天零8个小时，由于种种不适应，在返回地面之前死去了。

生物卫星一般由服务舱和返回舱两部分组成。服务舱是卫星与运载火箭的接合部分，内部有卫星的姿态控制系统，电源系统和其他保证卫星正常工作的设备。服务舱与返回舱分离后留在天上不返回地面。返回舱是卫星返回地面的舱段，内装各种实验生物、记录仪器、制动火箭和回收系统等，舱外有防热保护层。返回舱的外形有的呈球形，有的呈碗形，重三四百千克乃至一二吨。

人造小卫星

仰望繁星点点的太空，你可曾想到，我们居住的地球已经被由小卫星织成的网包裹着。随着"铱星"系统的开通，以及小型天体探测器的不断升空，今天的外层空间不断闪烁着人造小卫星的光芒。

国际航天界一般将发射重量在1 000千克以下的卫星称为小卫星，100千克以下称为微小卫星。今天风靡全球的人造小卫星，具有体积小、质量轻的特点。它既可搭载发射，也可以"一箭多星"方式发射，整个研制、发射成本较低。

20世纪80年代初，美国军方最早提出了人造小卫星的概念。美国宇航局为了推动人造小卫星的发展，制定了小卫星发展计划。

俄罗斯最早将人造小卫星用于军事领域，其"一箭多星"的战术通信卫星技术已相当成熟。1996年2月，俄罗斯新一代通信卫星——"星座信使"系统开始发射。目前，俄已成功将200多颗人造小卫星送上太空。

日本正在规划建立由10颗小卫星组成的星座，用于军事和环境监测，其质量只有以往具有相似功能卫星的1/10，成本只有1/4，开发周期仅1年。

中国于1970年成功发射了第一颗小卫星——"东方红—1号"，质量为173千克。1971年，又发射了第二颗小卫星——"实践—1号"，质量为221千克。

移动通信日益成为卫星应用的热点。在这场通信卫星太空轨道争夺战中，人造小卫星风头正劲。在广袤的外层空间，人造小卫星通信网的建设热潮涌动。以人造小卫星组成的星座，正在带领人类走进通信新天地。

当前，全世界已出台了十几个中低轨道通信卫星系统。这些小卫星网的出现，大有取代大通信卫星的趋势。其中最引人注目的是美国摩托罗拉公司由66颗卫星组成的"铱星"系统、美国军方由192颗小卫星组网的"移动卫星通信"系统、美国由48颗卫星组成的"全球星"系统、俄罗斯由32颗卫星组成的"个人通信系统"以及法国由80颗卫星组成的"天桥"多媒体星座等。

人类将发射一系列探测器，对彗星、小行星进行实地考察，以探测太阳系的演变过程。美国已发射"近地小行星交会""深空－1""星尘号"等小天体探测器。

人造小卫星灵活快捷的发射方式和极短的研制周期，对于进行局部突发战争的军事侦察具有得天独厚的优势。同时，小型战术成像卫星的地面分辨率可达到1米以内，覆盖几百千米的宽度，相当于过去的大侦察卫星，而质量却只有200～300千克，寿命可达5年。

美国空军和国防部高级研究计划署正在研究质量只有1～10千克的编队监视卫星，旨在利用这种微型编队卫星来取代大卫星执行空中监视任务，该批卫星于21世纪初发射。

在广袤的太空，人造小卫星正扮演着重要的角色。21世纪的小卫星，将更加耀眼地闪烁在天边！

通信卫星

通信卫星反射或转发无线电信号，实现卫星通信地球站之间或地球站与航天器之间的通信。通信卫星是各类卫星通信系统或卫星广播系统的空间部分。一颗静止轨道通信卫星大约能够覆盖地球表面的40%，使覆盖区内的任何地面、海上、空中的通信站能同时相互通信。在赤道上空等间隔分布的3颗静止通信卫星可以实现除两极部分地区外的全球通信。

1958年12月，美国发射世界上第一颗试验通信卫星。1963年美国和日本通过"中继1号"卫星第一次进行了横跨太平洋的电视传输。中国于1984年4月8日发射了一颗地球静止轨道试验通信卫星。通信卫星按轨道分为静止通信卫星和非静止通信卫星；按服务区域不同可分为国际通信卫星和区域通信卫星或国内通信卫星；按用途可分为专用通信卫星和多用途通信卫星，前者如电视广播卫星、军用通信卫星、海事通信卫星、跟踪和数据中继卫星等，后者如军民合用的通信卫星，兼有通信、气象和广播功能的多用途卫星等。

通信卫星一般采用地球静止轨道，这条轨道位于地球赤道上空35 786千米处。卫星在这条轨道上以每秒3 075米的速度自西向东绕地球旋转，绕地球一周的时间为23小时56分4秒，恰与地球自转一周的时间相等。因此从地面上看，卫星像挂在天上不动，这就使地面接收站的工作方便多了。接收站的天线可以固定对准卫星，昼夜不间断地进行通信，不必像跟踪那些移动不定的卫星一样而四处"晃动"，使通信时间时断时续。现在，通信卫星已承担了全部洲际通信业务和电视传输。

作为无线电通信中继站。通信卫星像一个国际信使，收集来自地面的各种"信件"，然后再"投递"到另一个地方的用户手里。由于它是"站"在 36 000 千米的高空，所以它的"投递"覆盖面特别大，一颗卫星就可以负责 1/3 地球表面的通信。如果在地球静止轨道上均匀地放置三颗通信卫星，便可以实现除南北极之外的全球通信。当卫星接收到从一个地面站发来的微弱无线电信号后，会自动把它变成大功率信号，然后发到另一个地面站，或传送到另一颗通信卫星上后，再发到地球另一侧的地面站上，这样，我们就收到了从很远的地方发出的信号。

通信卫星是世界上应用最早、应用最广的卫星之一，许多国家都发射了通信卫星。

1965 年 4 月 6 日美国成功发射了世界第一颗实用静止轨道通信卫星——"国际通信卫星 1 号"。之后的每一代都在体积、重量、技术性、通信能力、卫星寿命等方面有一定提高。

苏联的通信卫星命名为"闪电号"。包括闪电 1、2、3 号等。由于苏联国土辽阔，"闪电号"卫星大多数不在静止轨道上，而在一条偏心率很大的椭圆轨道上。

中国的第一颗静止轨道通信卫星是 1984 年 4 月 8 日发射的，命名为"东方红 2 号"。这些卫星先后承担了广播、电视信号传输，远程通信等工作，为国民经济建设发挥了巨大作用。

同步卫星

地球同步卫星即地球同步轨道卫星，又称对地静止卫星，是运行在地球同步轨道上的人造卫星。所谓同步轨道卫星，是指卫星距离地球的高度约为 36 000 千米，卫星的运行方向与地球自转方向相同、运行轨道为位于地球赤道平面上圆形轨道、运行周期与地球自转一周的时间相等，即24小时，卫星在轨道上的绕行速度约为3.1千米/秒，等于地球自转的角速度。在地球同步轨道上布设3颗通讯卫星，即可实现除两极外的全球通讯。

地球同步卫星分为同步轨道静止卫星、倾斜轨道同步卫星和极地轨道同步卫星。

当同步轨道卫星轨道面的倾角为零度，即卫星在地球赤道上空运行时，由于运行方向与地球自转方向相同，运行周期又与地球同步，因此，人们从地球上仰望卫星，仿佛悬挂在太空静止不动，所以，把零倾角的同步轨道称作静止轨道，在静止轨道上运行的卫星称作静止卫星。

静止卫星上的天线所辐射的电波，对地球的覆盖区域基本是稳定的，在这个覆盖区内，任何地球站之间可以实现23.56小时不间断通信。因此，同步轨道静止卫星主要用于陆地固定通信，如电话通信、电视节目的转播等，但也用于海上移动通信，不过，它不像陆上蜂窝移动通信那样有那么多的基站，只有卫星是一座大的基站，移动业务交换中心依然设在岸上（称为岸站），海上移动终端之间（即船舶与船舶之间）的通信，需经卫星两跳后才能实现，例如，如果甲船需同乙船联系，那么，甲船将信号发至卫星，经卫星一跳到达岸站上的移动业务交换中心，然后，岸站又将信号发至卫星，再经卫星一跳到达乙船。

　　倾斜轨道和极地轨道同步卫星从地球上看是移动的，但却每天可以经过特定的地区，因此，通常用于科研、气象或军事情报的搜集，以及两极地区和高纬度地区的通信。

　　地球同步卫星常用于通讯、气象、广播电视、导弹预警、数据中继等方面，以实现对同一地区的连续工作。在遥感应用中，除了气象卫星外，一个突出的应用就是通过地球同步轨道上的4颗跟踪和数据中继卫星系统高速率地传送中低轨道地球观测卫星或航天飞机所获取的地球资源与环境遥感数据。世界上第一颗地球同步卫星是1964年8月19日美国发射的"辛康3号"，中国于1984年4月8日、1986年2月1日和1988年3月7日分别发射3颗用于通信广播的地球同步卫星。

定位导航卫星

　　GNSS系统——GNSS是Global Navigation Satellite System的缩写。很长时间以来，它有两个译名：全球卫星导航系统和全球导航卫星系统。

　　早在20世纪90年代中期开始，欧盟为了打破美国在卫星定位、导航等领域市场中的垄断地位，获取巨大的市场利益，增加欧洲人的就业机会，一直在致力于一个雄心勃勃的民用全球导航卫星系统计划。该计划分两步实施：第一步是建立一个综合利用美国的GPS系统和俄罗斯的GLONASS系统的第一代全球导航卫星系统(当时称为GNSS-1，即后来建成的EGNOS)；第二步是建立一个完全独立于美国的GPS系统和俄罗斯的GLONASS系统之外的第二代全球导航卫星系统，即正在建设中的Galileo卫星导航定位系统。由此可见，GNSS从问世起，就不是一个单一星座系统，而是一个包括GPS、GLONASS等在内的综合星座系统。综上所述，GNSS的中文译名应为全球导航卫星系统。

　　说起卫星定位导航系统，人们就会想到GPS，但是现在，伴随着众多卫星定位导航系统的兴起，全球卫星定位导航系统有了一个全新的称呼：GNSS。当前，在这一领域最吸引人眼球的除了GPS外，就是欧盟和中国合作的"伽利略"卫星导航系统。

　　"伽利略"计划是一种中高度圆轨道卫星定位方案。"伽利略"卫星导航定位系统于2007年底之前完成，2008年投入使用，总共发射30颗卫星，其中27颗卫星为工作卫星，3颗为候补卫星。卫星高度为24 126千米，位于3个倾角为56°的轨道平面内。该系统除了30颗中高度圆轨道卫星外，还有两个地面控制中心。

　　"伽利略"系统将为欧盟成员国和中国的公路、铁路、空中和海洋运输甚至徒步旅行者有保障地提供精度为1米的定位导航服务，从而也将打破美国独霸全球卫星导航系统的格局。首批两枚实验卫星于2005年末和2006年发射升空。

　　"伽利略"系统是世界上第一个基于民用的全球卫星导航定位系统，在2008年投入运行后，全球的用户将使用多制式的接收机，获得更多的导航定位卫星的信号，将无形中极大地提高导航定位的精度，这是"伽利略"计划给用户带来的直接好处。另外，由于全球将出现多套全球导航定位系统，从市场的发展来看，将会出现GPS系统与"伽利略"系统竞争的局面，竞争会使用户得到更稳定的信号、更优质的服务。世界上多套全球导航定位系统并存，相互之间的制约和互补将是各国大力发展全球导航定位产业的根本保证。

　　全世界使用的导航定位系统主要是美国的GPS系统，欧洲人认为这并不安全。为了建立欧洲自己控制的民用全球导航定位系统，欧洲人决定实施"伽利略"计划。因而引发美国媒体发出美国可能击毁"伽利略"卫星的报道。可见，此项目不但具有极高经济价值，也深具政治和军事战略意义。中国自行研制的北斗卫星导航系统，是继美国GPS系统和俄罗斯GLONASS之后第三个成熟的卫星导航系统。

资源卫星

资源卫星，是勘测和研究地球自然资源的卫星。它能"看透"地层，发现人们肉眼看不到的地下宝藏、历史古迹、地层结构，能普查农作物、森林、海洋、空气等资源，预报各种严重的自然灾害。

世界上第一颗海洋资源卫星也是美国于1978年6月发射的，名为"海洋卫星1号"。它装备有各种遥测设备，可在各种天气里观察海水特征，测绘航线，寻找鱼群，测量海浪、海风等。

它利用所载多光谱遥感设备获取地物目标辐射和反射的多种波段的电磁波信息，将这些信息发送给地面接收站。地面接收站根据事先掌握的各类物质的波谱特性，对这些信息处理和判读，从而得到各类资源的特征、分布和状态等资料。地球资源卫星能迅速、全面、经济地提供有关地球资源的情况，对于资源开发和发展国民经济有重要的作用。根据观测重点的不同，地球资源卫星分为陆地资源卫星和海洋资源卫星。

地球资源卫星是20世纪60年代在气象卫星的基础上发展而来的。1972年7月23日美国发射了世界上第一颗地球资源卫星"陆地卫星1号"；以后又陆续发射了"陆地卫星2号"（1975年）和3号（1978年）。三颗卫星的星体都沿用了"雨云号"卫星的设计。1978年美国发射了第一颗海洋资源卫 星——"海洋卫星1号"。1982年7月发射的"陆地卫星4号"采用了公用舱的设计概念。地球资源卫星取得的多光谱资料在勘测地球资源和环境管理上有很大优越性。

资源卫星分为两类：一是陆地资源卫星，二是海洋资源卫星。陆地资源卫星以陆地勘测为主，而海洋资源卫星主要是寻找海洋资源。

资源卫星一般采用太阳同步轨道运行，这能使卫星的轨道面每天顺地球自转方向转动1°，与地球绕太阳公转每天约1°的距离基本相等。这样既可以使卫星对地球的任何地点都能观测，又能使卫星在每天的同一时刻飞临某个地区，实现定时勘测。

"陆地卫星1号"。它采用近圆形太阳同步轨道，距地球920千米高，每天绕地球14圈。星上的摄像设备不断地拍下地球表面的情况，每幅图像可覆盖地面近两万平方千米，是航空摄影的140倍。

科学探测卫星

科学探测卫星是用来进行空间物理环境探测的卫星。

科学探测卫星的出现，改变了人类坐地观地和坐地观天的传统。它携带着各种仪器，穿过大气层，自由自在，不受干扰为人类记录着大气层、空间环境和太空天体的真实信息。而这些十分宝贵的资料又为人类登上太空，利用太空提供了攻关指南。世界各国最初发射的卫星多是这类卫星或是技术试验卫星。

美国发射的第一颗卫星"探险者1号"就是一颗科学探测卫星，以后"探险者"发展成了一个科学卫星系列，到1975年这个系列共发射了55颗，有53颗进入轨道。它们的主要任务是：（1）探测地球大气层和电离层；（2）测量地球高空磁场；（3）测量太阳辐射，太阳风，研究日—地关系；（4）探测行星际空间；（5）测量和研究宇宙线和微流星体；（6）测定地球形状和地球引场。这些卫星传回环境模式，更多地了解了太阳质子事件对地球环境的影响，加深了对太阳—地球关系的认识。"探险者号"卫星系列多为小型卫星，但其外形结构差别很大，由于探测的空间区域不同，它们的运行轨道有高有低，有远有近，差别也很大。

  中国的"实践"系列卫星既是技术实验卫星，又是科学探测卫星。1971年和1981年发射了2次共4颗。"实践1号"卫星装有红外地平仪，太阳角计等探测仪器，取得了许多环境数据。"实践2号"和2号甲，2号乙是用一枚火箭同时发射的3颗卫星。其中"实践2号"重257千克，外形为八面棱柱体，它的任务是探测空间环境，试验太阳电池阵对日定向姿态控制和大容量数据贮存等新技术。卫星获取了有关地球磁场，大气密度，太阳紫外线，太阳X射线，带电粒子辐射背景等数据，也圆满地完成了新技术的试验。

  天文卫星也是一种科学卫星，不同于上述卫星之外在于它不仅仅探测空间环境，而且在地球轨道上建起了一座座太空天文台，专门对宇宙天体和其他空间物质进行科学观测。天文卫星在离地面几百千米或更高的轨道上运行，由于没有大气层的阻挡，星上的仪器可以接收到来自天体的从无线电波段到红外波段，可见光波段，紫外线段直到X射线波段和γ射线波段的电磁波辐射。

  天文卫星的轨道多数为圆形或近圆形，高度为几百千米，但一般不低于400千米。这是因为太阳系以外的天体离开地球极远，再增加轨道高度也不能缩短距离和改善观测能力；而轨道太低时，大气密度增加，卫星难以长时期运行。

  第一颗天文卫星是美国1960年发射的"太阳辐射监测卫星"，它测到了太阳的紫外线和X射线通量。从1962年开始，美国又发射了专门观测太阳的"轨道太阳观测台"卫生系列，专门用于紫外线天文观测的"轨道天文台"卫星和X射线观测卫星。这些卫星发现了宇宙天体的各种辐射源，为人类分析研究宇宙的演化过程，揭开地外文明的奥秘提供了珍贵的资料。

卫星通信的前景

我们的生活离不开通信，通信中有一种叫卫星通信。卫星通信简单地说就是地球上（包括地面和低层大气中）的无线电通信站间利用卫星作为中继而进行的通信。卫星通信系统由卫星和地球站两部分组成。卫星通信的特点是：通信范围大；只要在卫星发射的电波所覆盖的范围内，从任何两点之间都可进行通信；不易受陆地灾害的影响（可靠性高）；只要设置地球站电路即可开通（开通电路迅速）；同时可在多处接收，能经济地实现广播、多址通信（多址特点）；电路设置非常灵活，可随时分散过于集中的话务量；同一信道可用于不同方向或不同区间（多址连接）。

近年来卫星通信新技术的发展层出不穷。例如其小口径天线地球站（VSAT）系统，中低轨道的移动卫星通信系统等都受到了人们广泛的关注和应用。卫星通信也是未来全球信息高速公路的重要组成部分。它以其覆盖广、通信容量大、通信距离远、不受地理环境限制、质量优、经济效益高等优点，1972年在我国首次应用，并迅速发展，与光纤通信、数字微波通信一起，成为我国当代远距离通信的支柱。

我国的卫星通信干线主要用于中央、各大区局、省局、开放城市和边远城市之间的通信。它是国家通信骨干网的重要补充和备份。为保证地面网过负荷时以及非常时期（如地面发生自然灾害时）国家通信网的畅通，有着十分重要的作用。

在我国边远省、自治区（如西藏、新疆）的一些地区，难以用扩展和延伸国家通信网的方法来进行覆盖。对于这些地区的一些人口聚居的重镇或县城（也可用于海岛）的用户，我国是利用VSAT的方法将其接入地面公用网。这对我国通信网的全国覆盖具有重要意义。

卫星专用网在我国发展很快，目前银行、民航、石化、水电、煤炭、气象、海关、铁路、交通、航天、新华社、计委、地震局、证券等均建有专用卫星通信网，大多采用VSAT系统，全国已有几千个地球站。

全球卫星导航系统，就是GPS技术导航。卫星导航全球性大众化民用刚刚开始，有百种应用类型。卫星导航的生命期至少还有50年，GPS概念的提出已有30年，真正应用只有十几年，现在GPS现代化、GPSIII新阶段可延续到2020年。GPS国际协会已统计出GPS的117种不同类型的应用。蜂窝通信的集成和汽车应用还是当前最大的两个市场。卫星导航系统已经广泛使用，而且总的发展趋势是为实时应用提供高精度服务。

同为全球卫星导航系统的北斗导航系统（COMPASS），主要用于国家经济建设，为中国的交通运输、气象、石油、海洋、森林防火、灾害预报、通信、公安以及其他特殊行业提供高效的导航定位服务。中国北斗导航系统提供两种服务方式，即开放服务和授权服务。

空间对地观测

地球本身是一个以太阳能源为基本动力的动态的统一体。近200年来，人类的活动使地球变化的速度不断地增强。这种加速变化会在人类生命的尺度内对环境和生态以及人类经济活动造成严重影响。为了监测到这种变化，以满足社会经济日益发展的需要，不论是历史上，还是现在，各国都建立了对地球的观测体系。比如中国古代的地动仪、浑天仪，今天的气象卫星、资源卫星等。

要监测到这种变化，必须满足以下几个条件：一是必须不间断地对地球的各种特性进行监测，以了解地球的正常特征，通过对比不同时刻的特征差异才会得知其变化；二是对地球监测的空间范围必须囊括整个地球的全部范围，起码是在一个相当大的区域内，只有这样，观测到的数据才具有可信性，才能使这些数据更好地为科学研究服务；三是监测的时间范围必须包括四季变化，最好是有超过一年的周期性的变化；四是对于地球的演化过程的监测必须采取定量化的方式进行描述。这样，满足这些条件的现代的监测地球变化的地球观测系统，就应运而生了。

对地观测系统在不同的时间、不同的地点、不同的场合具有不同的含义；不同的人使用这一概念的时候所说的并不完全一样；在不同的历史阶段，这一概念的具体所指也是有所变化发展的。总的来说，这一概念有广义与狭义之分。在最广泛的意思上，它是对地球观测的系统的简称，包含一切成系统、成规模的观测设备及其应用系统，也包含一切零星的、孤立的、古今中外的观测设备及其应用。

对地观测系统是利用遥感器对地球进行观测的设备和系统。这始于20世纪60年代遥感卫星的发展。卫星能够在短时间内观测全球或较大范围地区，最大限度地利用空间的优势获取陆地、大气、冰川、海洋和生物圈等相关信息。事实上，只有这种空间对地观测系统发展起来以后才能实现全球实时的观测，提供宏观、准确、综合、连续、多样的地球表面信息和数据。

狭义的对地观测系统的说法来源于美国国家航空航天局的对地观测系统，即 Earth Observation System，简称 EOS，指的是各个国家和地区开发使用的针对本国和本地区的观测系统。各国在使用地球观测系统这一概念的时候很多情况下仅仅指的是本国的一部分。

当前，对地观测已经不仅仅限于单一的系统，整体来说可以分为地基（地面雷达等）、空基（飞机等）、天基（卫星等）三大类，并逐渐走向全面的国际合作。全球范围内最早的对地观测系统是随着世界气象组织的成立而逐渐建立起来的世界天气监视网（WWW）。2003年提出并逐渐实施的一项全球综合地球观测系统计划，对地观测系统是由地球观测政府间工作组（GEO）负责、以世界天气监视网为核心、体系最庞大、观测领域最广大、最为基础性的对地观测系统，即全球综合地球观测系统（GEOSS）。这一系统目前仍然在不断完善之中。同时，这一系统在很大程度上是以各国的观测系统为组成部分的，它不是一个全新的系统和设备建设，而是在各国观测系统基础上的整合、扩充与优化。

航天器的微重力环境

在太空飞行的航天器有独特的诱导环境，即在太空环境作用下，航天器某些系统工作时所产生的环境。它主要有以下几种：

在极端温度环境下。航天器在太空真空中飞行，由于没有空气传热和散热、受阳光直接照射的一面可产生高达100℃以上的高温。而背阴的一面，温度则可低至-100℃～-200℃。高温、强振动和超重环境。航天器在起飞和返回时，运载火箭和反推火箭等点火和熄火时，会产生剧烈的振动，航天器重返大气层时，高速在稠密大气层中穿行，与空气分子剧烈摩擦，使航天器表面温度高达1 000℃左右。航天器加速上升和减速返回时，正、负加速度会使航天器上的一切物体产生巨大的超重。超重以地球重力加速度的倍数来表示。载人航天器上升时的最大超重达8克，返回时达10克，卫星返回时的超重更大些。

在失重和微重力环境下。航天器在太空轨道上作惯性运动时，地球或其他天体对它的引力（重力）正好被它的离心力所抵消，在它的质心处重力为零，即零重力，那里为失重环境。而质心以外的航天器上的环境，则是微重力环境，那里的重力非常低微。

失重和微重力环境是航天器上最为宝贵的独特环境。在失重和微重力环境中，气体和液体中的对流现象消失，浮力消失，不同密度引起的组分分离和沉浮现象消失，流体的静压力消失，液体仅由表面张力约束，润湿和毛细现象加剧等等。总之，它造成了物质一系列不可捉摸的物理特性变化，提供了一种极端的物理条件。利用这些地面上难以进行的科学实验，生产地面上难以生产的特殊材料、昂贵药品和工业产品等。

航天器中微重力越小，失重越完全。失重状态只是理想状态，微重力才是实际情况。

处于微重力的环境下，完全失重是一种理想的情况，在实际的航天飞行中，航天器除受引力作用外，不时还会受到一些非引力的外力作用。例如，在地球附近有残余大气的阻力，太阳光的压力，进入有大气的行星时也有大气对它的作用力。根据牛顿第二定律，力对物体作用的结果，是使物体获得加速度。航天器在引力场中飞行时，受到的非引力的力一般都很小，产生的加速度也很小。这种非引力加速度通常只有地面重力加速度的万分之一或更小。为了与正常的重力对比，就把这种微加速度现象叫做"微重力"。其实，航天器即使只受到引力作用，它的内部实际上也存在微重力，这是因为航天器不是一个质点，而是具有一定尺寸的物体。

新型推进器

推进器是太空船的十个组件之一，材质厚重的火箭推进器很像引擎，被设计用来提供许多用途。与引擎的设计原理类似，火箭推进器的管道排出气体来推进太空船以完成航程的各个阶段。在开始阶段，外部的推进火箭提供燃料给火箭推进器，直到燃料用尽时就抛弃。在那之后，强力的电磁体会进入火箭推进器来加速离子的激烈反应并达到近乎光的速度，这提供了太空船绝大部分的推力。最后，在航程的最后一阶段，推进器负责调整太空船进入行星引力圈，提供反向推进力来缓和速度，让太空船能安然步入与行星同步的轨道。为了达到这些功能，推进器组件必须具备有高能量离子加速的高度感应能力，也要能够掌控由固态燃料推进器所产生的数十万磅的推力。设计火箭推进器的工程师要能完成因太空船质量与重力加速度原理所需要功能才行。

不是空气给火箭一个反作用力，燃烧的高温高压的燃气从火箭尾部高速喷出，是内能转化为机械能，是高速喷出的燃气给火箭一个向前的反作用力。

火箭里面有燃料，即一般是液态的氢气，还有助燃剂，即液态氧气。火箭是以热气流高速向后喷出，利用产生的反作用力向前运动的喷气推进装置。它自身携带燃烧剂与氧化剂，不依赖空气中的氧助燃。

动量守恒是物理学里面最重要、最通用的定律，质量守恒在牛顿力学、相对论、量子力学里都有不同表示，唯独动量守恒是不变的。所以太空中，动量守恒依然成立，在太空中飞行，也只能应用动量守恒定律，因为没有其他物质可以产生作用。

火箭应用的的确是动量守恒，系统的内能在发射前后是不一样的，新增的内能来源于火箭燃料的燃烧，系统内能增加了，喷射的物质单位时间质量比较低，但速度快，所以在动量守恒定理的作用下，火箭能加速飞行。

"远航1号"这个高科技太空船的离子推进系统能产生多少的推动力呢？当它全速前进时，将消耗2 100瓦的电力（电力是由太阳能板产生），产生大约1/50磅的推力，这推力大小约等于你用手托着一张纸的力量。当太空船需要大的加速度时，这种推进器当然不适用，不过离子推进器在探索的小行星及彗星时就有较大的优点。在远程的太空航行需要大量的能源作为动力时，离子推进引擎产生持续微小的推力，将优于短暂、强力但效率低的化学燃料火箭。

航天器轨道

航天器挣脱地球引力后，环绕地球飞行。航天器在太空的飞行有两种基本方式：轨道运行和机动飞行。

航天器绕地球的运行轨道有四种，即顺行轨道、逆行轨道、极轨道和赤道轨道。航天器的运行方向与地球自转方向相同的叫顺行轨道，航天器的运行方向与地球自转方向相反的叫逆行轨道，航天器的轨道平面与地球赤道平面垂直的叫极轨道，航天器轨道平面与地球赤道平面之间夹角为零度的叫赤道轨道。

这四种运行轨道是航天器自行在太空的运动轨迹。形象地说，就是航天器绕地球飞行的路线。这些特殊的路线是由航天器入轨速度（一般在8 000米／秒左右）和运载火箭的发射方向等决定的。如果没有外力的作用，航天器将沿着某条轨道永远地运行下去，这就是航天器的轨道运行。

"长征2号"F火箭发射"神舟号"飞船采用了顺行轨道，顺行轨道的特征是轨道倾角即轨道平面与地球赤道的夹角小于90°。

我国地处北半球，要把载人飞船送上这种轨道，运载火箭要朝东南方向发射，这样能够利用地球自西向东自转的部分速度，节约火箭能量。地球自转速度可通过赤道自转速度、发射方位角和发射点地理纬度计算出来。因此，在赤道上朝着正东方向发射飞船，可利用的速度最大，纬度越高利用的速度越小。这就是为什么大多数火箭总是朝着正东方向发射的缘故。

机动飞行是指航天器有目的地改变原有的飞行轨道。机动飞行多发生在航天器轨道保持或轨道修正以及航天器与另一航天器交会、对接及从轨道返回需变轨飞行时。航天器的机动飞行是通过安装在飞船上的机动发动机、喷气推力器和轨道控制系统来实现的。

对航天器的质心施加外力，以改变其运动轨迹，实现航天器轨道控制的装置称为航天器轨道控制系统。

执行不同飞行使命的航天器需按不同的轨迹运动，为满足这个要求常需对轨道进行控制。这种控制包括利用航天器的推进系统产生的反作用推力的主动控制及利用客观存在的外力（如地球引力、气动力、太阳辐射压力及其他行星的引力等）的被动控制。轨道控制的各种应用可以归并为两大类：一类是轨道转移，它涉及较大的轨道变化，例如在发射静止卫星时由停泊轨道向大椭圆的过渡轨道转移；另一类是轨道调整或轨道保持，它主要是为了消除轨道较小的偏差，例如通信、广播及中继卫星的位置保持，以及卫星网各卫星之间相对位置的保持。

航天器轨道控制系统可以采用较长时间连续工作的推进器，例如为行星际飞行的航天器提供变轨动力的小推力离子推进器。但是经常采用的是脉冲工作状态的化学推进器。在人造卫星的机动变轨和行星际航天器的中途轨道修正中，经常采用固体火箭或液体火箭作为推进器。

霍曼轨道

霍曼轨道是与两个在同一平面内的同心圆轨道相切的椭圆过渡轨道。在限定只用二次脉冲推力的情况下，这是能量最省的过渡轨道，但飞行时间和飞行路线较长。从低轨道向高轨道过渡的过程，要作两次加速；从高轨道向低轨道过渡，则要作两次减速。加速和减速都在霍曼轨道两个切点进行，加速（或减速）方向在轨道切向，两次加速（或减速）相隔的时间等于霍曼轨道周期的一半。当两个圆半径之比大于11.938 765时，用三冲量的双椭圆转移轨道来代替霍曼轨道更能够节省能量。W.霍曼在1925年首先提出这条过渡轨道。

霍曼轨道告诉人们，探测器起飞时的轨道与地球轨道相切，到达目的地时与被探测的行星轨道相切。在当时，霍曼轨道因为是一条能量最省的最佳轨道而被广泛使用。不过，霍曼轨道虽然可以节能但却无法省时，按照这样的轨道到达土星需要6年、天王星16年、海天星31年、冥王星45年。如果采用"引力跳板"技术，那么到达土星只需要3年，到天王星8年，到海王星12年。

两个高度不同的轨道间转移经常用到的一种方式是霍曼转移，霍曼转移所用的轨道是一近地点在较低高度、远地点在较高高度的椭圆轨道。因为充分的利用了星体引力产生的能量，所以这种转移所用到的能量最小。利用这一轨道航天器可以实现从低轨道到高轨道的转移，或从高轨道到低轨道的转移。(这里的高轨道、低轨道不特指某一高度的轨道)

霍曼转移涉及两次水平加力机动。在圆形轨道中运动的物体受到正向水平推力时，开始从较低的轨道转移到较大的椭圆形轨道，加力点是这个椭圆的近地点。然后顺着该椭圆轨道，物体开始向远地点运动，当到达远地点时，开始了第二次加力仍为正向水平推力，使得轨道转移到远地点高度上的圆形轨道。同样高轨道到低轨道转移也是这样，只不过这时物体是从远地点向近地点运动，经历的是两次减速运动。

在低轨道向高轨道的霍曼转移中发生了两次加速，你可能会认为高轨道的运动速度要比低轨道快，这与前面提过的高轨道的运动速度慢于低轨道运动速度是矛盾的。不要忘了在进行霍曼转移时，近地点的运动速度要小于远地点速度，当到达远地点时运动速度已经较原来的圆形轨道速度小了很多，并且不足以维持在这一高度的圆形轨道运动，所以还要进行加速，但加速后的速度还是小于低轨道上的运动速度。

霍曼转移虽然所用到的能量最小，但它是以牺牲时间为代价的。要实现更快的转移需要更多的能量，消耗的推进剂增多。在实际的飞行中，采用霍曼转移还是快速转移实现轨道转移是由任务决定的。如果执行救援任务，需要争取时间，那么采用霍曼转移就不合适了。

引力助推

引力助推可以帮助探测器在不耗费大量助推剂的情况下，飞往遥远的外行星执行探测任务。当探测器接近行星时，行星好像以一根弹力强大的橡皮筋套住宇宙飞船，拉住它一起快速绕着太阳跑。当探测器以切线飞越行星时，行星像是弹弓一样，将探测器以一定的角度由另一方向甩射出去，达到不费燃料就能加速并急转弯的目的。

为了准确利用借力飞行，科学家事先确定了探测器飞入行星的高度和角度，并进行跟踪、监测和调整，只要确切掌握探测器在任何时刻的位置和速度，就能对它的轨道进行必要的调整，保证探测器不被行星捕获，又能顺利获得加速。

那么探测器是如何借到了那么多的速度了呢？或许简化在一个平面上来探讨这个问题会更好理解。让我们以静止的行星来作为参照，飞船切入行星轨道前并不受行星引力作用，因此速度是一个定量。当顺势切入行星轨道时，由于受到行星引力作用而加速飞行，当达到行星的逃逸边缘后，行星引力消失，飞船速度大小又回复到飞入行星时的定量。这个过程和我们骑自行车上下一个U坡的情形相似。当我们骑车从坡顶向坡底行进时，由于地球引力作用，速度会越来越快，到坡底时达到最大速度，但是当我们接着从坡底冲上对面的坡面的时候，速度又会逐渐地降下来，等到达对面的坡顶的时候，速度又回来原来的下坡前的速度。但这个时候我们的行进方向却产生了改变，原来我们是向下而行，而现在是向上而行。

如果真是这么简单的过程，那么何来引力加速呢？秘密就在于行星并非真的静止不动，它以巨大的角动量绕太阳转动。如果我们把太阳系的运动看成一个整体，那么在太阳系整体的角动量中，太阳自身的角动量只占2%，其他98%的角动量都被围绕太阳的星体占有，可以想象，行星的角动量是大得惊人的！飞船切入行星轨道后，像行星的其他卫星一样也同时分得了行星的一部分角动量，这个角速度分别加在了飞船飞入和飞出行星时的速度里，如果以太阳为参照，飞船最终飞出行星的速度不仅改变了方向，同时也增加了大小。行星损失了极小一部分角动量，对它本身来说微不足道，可是飞船得到的这些角动量对它可是意义非凡，这些能量足以支撑它飞抵下一个加油站，顺利到达目的地。

而且，引力助推技术也能减少飞船的轨道运行动力，比如像"伽利略号"就有过那样的经历。"伽利略号"曾在木星的最大的卫星前面作定点飞越，由于是从卫星前面定点飞越而不是从其后翼，所以情况和前面提到的正好相反。当飞船飞离时，其运行方向也会改变，但速度却降低了，这就如同我们骑车上下一个"∩"形的坡一样。卫星也不是一个固定不变的点，只是它不是围绕太阳转动，而是围绕木星运行。这样，

"伽利略号"就能利用引力助推降低飞行速度。

拉格朗日点与晕轨道

拉格朗日点是指受两大物体在引力作用下，能使小物体稳定的点。于1772年由法国数学家拉格朗日推算得出。

18世纪法国数学家、力学家和天文学家拉格朗日在1772年发表的论文"三体问题"中，为了求得三体问题的通解，他用了一个非常特殊的例子作为问题的结果，即：如果某一时刻，三个运动物体恰恰处于等边三角形的三个顶点，那么给定初速度，它们将始终保持等边三角形队形运动。1906年，天文学家发现了第588号小行星和太阳正好等距离，它同木星几乎在同一轨道上超前60°运动，它们一起构成运动着的等边三角形。同年发现的第617号小行星也在木星轨道上落后60°左右，构成第二个拉格朗日正三角形。20世纪80年代，天文学家发现土星和它的大卫星构成的运动系统中也有类似的正三角形。人们进一步发现，在自然界各种运动系统中，都有拉格朗日点。

航天器围绕平动点运动的轨迹。从地球上看，在晕轨道上运行的航天器呈现为围绕太阳或月球的视运动。

"晕"字借自日晕或月晕。日晕（或月晕）是太阳（或月亮）周围出现光环的一种气象现象。

现代航天中有实际意义的晕轨道只有两种。

一种是围绕日地系平动点运动的晕轨道。这个平动点在日地连线上，距地球约150万千米。如果航天器是在这个平动点上而不是在晕轨道上，它就可以同地球一起以相等的公转角速度围绕太阳运动。从地面上看去，它始终在太阳表面，离地球总是150万千米。航天器虽然可以长期考察太阳，但是当地球站天线对准航天器时太阳也在视场内，从航天器发回的无线电信号会受到太阳干扰。如果采用晕轨道方式，让航天器在垂直日地连线的平面附近围绕平动点运动，则航天器离开地球的距离的变化不大，当航天器与平动点距离大于1.4万千米时，从地球上看到的航天器便离开了太阳表面。当航天器距离平动点9.2万千米时，基本上达到既能长期考察太阳，又不受太阳干扰的目的。

另一种是围绕月地系统平动点的晕轨道。这个平动点在地月连线的延长线上，距月球6.5万千米。如果航天器是在这个平动点上而不是在晕轨道上，则航天器就和月球一起以相等的角速度围绕地球运动。可是这个航天器始终在月球背后，从地球上总是看不到它。为了解决这个问题，可采用晕轨道形式。选择的晕轨道在与地月连线垂直并通过平动点的平面附近。航天器距平动点的距离超过3 500千米，围绕平动点的运动周期约为半个月。这样就使月球背面与地面实时通信的困难得到解决。无论选择哪一种晕轨道，航天器都要具有控制轨道的能力。围绕太阳晕轨道的航天器已经发射成功。

太空资源利用

太空中可利用的资源比地球上可利用的资源要多得多。仅从太阳系范围来说，在月球、火星和小行星等天体上，有丰富的矿产资源，在类木行星和彗星上，有丰富的氢能资源；在行星空间和行星际空间，有真空资源、辐射资源、大温差资源，那里的太阳能利用效率也比在地球上高得多。利用航天器的飞行，还可派生出轨道资源和微重力资源等其他资源。

空间真空不仅纯净无污染，而且体积硕大，是地面人为的真空条件无法比拟的。

在空间环境中，由于高真空绝热，被太阳直射的物体表面，可达到100℃以上高温，而背阴面则可保持–100℃以下的低温。两者之间形成大的温差，而且非常稳定。

自从航天器问世后，科学家们首先想到的就是利用太空的轨道资源，即利用高远位置这一得天独厚的有利条件。众所周知，站得高，看得远。地球的空间轨道，远离地表，高于大气层，在那里能以不同高度、不同角度俯视地球，特别是与地球同步、与太阳同步的轨道具有特殊意义。

为此，旨在开发太空轨道资源的形形色色的航天器竞相升空。例如，通信卫星就是把原来在地面的无线电中继站搬到卫星上，从而大大提高了信号的覆盖面积和传输距离、通信质量和抗破坏性，减少了费用，使通信技术发生质的飞跃。遥感卫星相当于空间观察平台，具有观测范围广、观测次数多、时效快、连续性好等优点，对气象预报、陆地资源开发、海洋资源开发起到巨大推动作用。导航卫星是设在太空的基准点，它能克服地面无线电导航台存在的信号传播距离有限等一系列缺点，是目前最先进的导航技术。

在太空"制高点"上不仅可以观地，还能望天。在那里进行天文观测不受大气层影响，使全波段天文观测变得轻而易举。天文卫星、空间站就是理想的天文台。

太空资源是一种宝贵资源，利用这种资源可以进行地面上难以实施的科学实验、新材料加工和药物制取等。在微重力条件下，由于无浮力，液滴较之地面更容易悬浮，冶炼金属时可以不使用容器，即采用悬浮冶炼，因而能使冶炼温度不受容器耐温能力的限制，进行极高熔点金属的冶炼，避免容器壁的污染和非均匀成核结晶，改变晶相组织，提高金属的强度。微重力条件下，气体和熔体的热对流消失，不同比重物质的分层和沉积消失，对生产极纯的化学物质、生物制剂、特效药品，以及均匀的金属基质复合材料、玻璃和陶瓷等也很有用。

太空旅游观光资源。美、日等国已在筹划建设太空饭店，如果发展顺利，进入太空观赏宇宙美景，回头观望人类的摇篮——地球，为期不会很远了。在月球上发现冰冻水以后，已有人设想在月球上建造度假宾馆，到时还可欣赏月球景色。

目前航天器上的太阳能发电只供航天器本身使用。一些国家已在计划建造太阳能发电卫星，即太空电站。它可将太阳的光能高效率地转变成大功率的电能，再把电能用微波或激光发往地面给用户使用。太阳能利用的另一种形式是建造人造小月亮和人造小太阳，为城市和野外作业照明，增加高寒地区的无霜期，保证农业丰产丰收。

开发月球资源。月球上有丰富的氧、硅、钛、锰和铝等元素，还有地球上稀缺的、清洁的核发电材料氦-3。月球上无大气影响，以及长长的黑夜和低温等许多有利的环境条件，是理想的科学研究和天文观测基地。

开发小行星和彗星上的资源。金属型小行星上有丰富的铁、镍、铜等金属，有的还有金、铂等贵金属和珍贵的稀土元素。彗星上有丰富的水、冰。这些资源和月球上的资源可用于建设航天港和太空城，也可供地球上使用。

所以太空的资源有很大的利用价值，将会对我们未来的发展有着不可估量的影响。

丰厚的空间资源

世界空间资源开发及推广应用，在短短几十年内硕果累累，取得了巨大的经济和社会效益，受到世界各国的普遍关注。如今，空间技术的发展，空间资源的利用，已是一个国家综合国力以及科学技术发展水平的重要标志。空间资源的利用，为人类社会的发展提供了强大的推动力。

遥感卫星的发射成功后，人们应用卫星遥感技术监测森林砍伐、森林再造、土地使用变化情况；用于研究水涝和盐化、沙漠化、海岸线动态、干旱和农产品估算等；用于评估和开发水资源、自然资源勘探、污染监测和更新地图等，遥感卫星解决了人类用常规手段无法观测或观测不足的难题，不仅大大提高了效率，而且大大提高了观测精度、范围和准确性。利用通信卫星，人类实现了全球通信、电视转播，以至于今天的人类，离开了通信卫星就无法生活。在现代人类社会，有100多种业务靠通信卫星完成，从传送语言到文字，从图像到收据，从资料到各种控制信号，几乎人们的通信需要什么，它就能提供什么。世界上80%的洲际通信业务和100%的洲际电视传播，以及为数众多的区域通信已由卫星担负。优越的通信能力和极高的投资效益比，使通信卫星的应用成为国际通信业的大走势，并每年以20%到30%的速度递增。通信卫星营造了一个遍地是黄金的市场，从而形成150亿美元的通信卫星产业。

气象卫星在进行天气预报、探测和跟踪台风和旋风、研究和监测地表以及海洋生物量等方面发挥了重要作用。还为洪涝灾害预警和赈灾等提供服务。据有关资料统计，人类依靠气象卫星每年避免天气灾害损失达数千亿美元。

导航定位卫星不仅为飞机、船舶、公路、铁路交通提供导航服务，还为搜索与救援进行准确定位。利用卫星建立交通系统，使航天、航空、航海、铁路、公路相结合，建立现代化的高速立体交通管制网络。卫星导航定位系统广泛应用于舰船、飞机、车辆，为交通安全与提高运输效率提供有力的保证。 农业是人类生存的保证，提高农作物产量的根本出路在于依靠科技进步。在人类进入21世纪的今天，通信广播卫星、资源卫星、气象卫星、导航定位卫星在农业现代化中均获得了广泛应用，作物产量如何，有无病虫害，种植面积多少，旱涝情况等等，通过卫星一目了然。这些信息，对指导作物种植面积，及早发现病虫害，确定产品价格，以及解决农业发展中出现的重大问题，推进高产、优质、高效农业的发展做出新的贡献。

除开发空间位置资源外，在空间环境资源的开发利用上，各航天大国也进行了不懈的探索尝试。最主要的是在"和平号"空间站里进行的。有资料称，苏联从1980年至1990年在空间站上进行了500项材料加工实验，范围涉及到金属和合金、光学材料、超导体、电子晶体、陶瓷和蛋白质晶体等。如今，空间生长砷化镓晶体，已成为最有希望的商品。在微重力流体科学方面通过对当代物理学许多前沿理论、实践课题的研究，如临界点现象、表面行为、液滴燃烧、颗粒云等，揭示出许多新的规律，一些新兴产业由此应运而生。在加工工艺方面，已取得的新工艺有皮壳工艺、无容器加工工艺、电泳工艺等，这些工艺既进一步促进空间材料生产的发展，又为改进地面材料生产指明了方向。如电泳工艺，可提高分离速度400~700倍，目前，这一工艺被认为是空间材料加工中最有经济效益的项目之一。这些无疑将对未来人类社会产生深远的影响。

空间站

空间站的特点之一是经济性。例如，空间站在太空接纳航天员进行实验，可以使载人飞船成为只运送航天员的工具，从而简化了其内部的结构和减轻其在太空飞行时所需要的物质。这样既能降低其工程设计难度，又可减少航天费用。另外，空间站在运行时可载人，也可不载人，只要航天员启动并调试后它可照常进行工作，定时检查，到时就能取得成果。这样能缩短航天员在太空的时间，减少许多消费，当空间站发生故障时可以在太空中维修、换件，延长航天器的寿命。增加使用期也能减少航天费用。因为空间站能长期（数个月或数年）的飞行，故保证了太空科研工作的连续性和深入性，这对研究的逐步深化和提高科研质量有重要作用。

到目前为止，全世界已发射了9个空间站。其中苏联共发射8座，美国发射1座。按时间顺序讲，苏联是首先发射载人空间站的国家。其"礼炮1号"空间站在1971年4月发射，后在太空与"联盟号"飞船对接成功，有3名航天员进站内生活工作近24天，完成了大量的科学实验项目，但这3名航天员乘"联盟11号"飞船返回地球过程中，由于座舱漏气减压，不幸全部遇难。"礼炮2号"发射到太空后由于自行解体而失败。苏联发射的礼炮3、4、5号小型空间站均获成功，航天员进站内工作，完成多项科学实验。其礼炮6、7号空间站相对大些，也有人称它们为第二代空间站。它们各有两个对接口，可同时与两艘飞船对接，航天员在站上先后创造过210天和237天长期生活记录，还创造了首位女航天员出舱作业的记录。苏联于1986年2月20日发射入轨的和"平号空"间站，2000年底俄罗斯宇航局因"和平号"部件老化（设计寿命10

年）且缺乏维修经费，决定将其销毁。"和平号"最终于2001年3月23日坠入地球大气层。美国在1973年5月14日发射成功一座叫"天空实验室"的空间站，它在435千米高的近圆空间轨道上运行，宇航员用58种科学仪器进行了270多项生物医学，空间物理，天文观测，资源勘探和工艺技术等试验，拍摄了大量的太阳活动照片和地球表面照片，研究了人在空间活动的各种现象。直到1979年7月12日在南印度洋上空坠入大气层烧毁。

我国有望于2014年用"长征5号"把中国空间站送上太空，中国最终将建设一个基本型空间站。

我国首个空间站大致包括一个核心舱、一架货运飞船、一架载人飞船和两个用于实验等功能的其他舱，总重量在100吨以下。其中的核心舱需长期有人驻守，能与各种实验舱、载人飞船和货运飞船对接。具备20吨以上运载能力的火箭才有资格发射核心舱。为此，我国将在海南文昌新建第四个航天发射场，可发射大吨位空间站。

宇宙飞船

宇宙飞船是一种运送航天员、货物到达太空并安全返回的一次性使用的航天器。它能基本保证航天员在太空短期生活并进行一定的工作。它的运行时间一般是几天到半个月，一般乘坐2到3名航天员。

世界上第一艘载人飞船是"东方1号"宇宙飞船。它由两个舱组成，上面的是密封载人舱，又称航天员座舱。这是一个直径为2.3米的球体。舱内设有能保障航天员生活的供水、供气的生命保障系统，以及控制飞船姿态的姿态控制系统、测量飞船飞行轨道的信标系统、着陆用的降落伞回收系统和应急救生用的弹射座椅系统。另一个舱是设备舱，它长3.1米，直径为2.58米。设备舱内有使载人舱脱离飞行轨道而返回地面的制动火箭系统，供应电能的电池、储气的气瓶、喷嘴等系统。"东方1号"宇宙飞船总质量约为4 700千克。它和运载火箭都是一次性的，只能执行一次任务。

1966年3月17日，"双子星座"的宇航员进行了首次太空对接。之后不久，由于飞船损伤系统突然失灵，宇航员们不得不进行紧急着陆处理。宇航员尼尔.A.阿姆斯特朗和戴维.R.斯考特在计划为期3天的飞行使命中的第5圈飞行时，操纵其双子星座封舱与"阿根纳号"宇宙飞船对接成功。半小时后，"双子星号"密封舱开始旋转并失去控制。接着，宇宙飞船上12只小型助推火箭中的一只原因不明地起火。宇航员随即将其飞行器与"阿根纳号"分离，并成功地在太平洋上降落。

至今，人类已先后研究制出三种构型的宇宙飞船，即单舱型、双舱型和三舱型。其中单舱式最为简单，只有宇航员的座舱。美国第一个宇航员格伦就是乘单舱型的"水星号"飞船上天的；双舱型飞船是由座舱和提供动力、电源、氧气和水的服务舱组成，它改善了宇航员的工作和生活环境，苏联"东方号"飞船、"上升号"飞船以及美国的"双子星座号"飞船均属于双舱型；最复杂的就是三舱型飞船，它是在双舱型飞船基础上或增加一个轨道舱（卫星或飞船），用于增加活动空间、进行科学实验等，或增加一个登月舱（登月式飞船），用于在月面着陆或离开月面，苏联的联盟系列和美国"阿波罗号"飞船是典型的三舱型。联盟系列飞船至今还在使用。

虽然宇宙飞船是最简单的一种载人航天器，但它还是比无人航天器（例如卫星等）复杂得多，以致于到目前仍只有美、俄、中三国能独立进行载人航天活动。

麻雀虽小，五脏俱全。宇宙飞船与返回式卫星有相似之处，但要载人，故增加了许多特设系统，以满足宇航员在太空工作和生活的多种需要。例如，用于空气更新、废水处理和再生、通风、温度和湿度控制等的环境控制和生命保障系统、报话通信系统、仪表和照明系统、航天服、载人机动装置和逃逸生系统等。

当然，掌握航天器再入大气层和安全返回技术也至关重要。尤其是宇宙飞船，除了要使飞船在返回过程中的制动过载限制在人的耐受范围内，还应使其落点精度比返回式卫星要高，从而及时发现和营救宇航员。苏联载人宇宙飞船就曾因落点精度差，结果使宇航员困在了冰天雪地的森林中差点被冻死。人类探索太空要有三个条件，除要研制出载人航天器外，还必须拥有运载力大、可靠性高的运载工具；应弄清高空环境和飞行环境对人体的影响，并找到有效的防护措施。

天高任船飞。未来的宇宙飞船将朝三个方向发展：有多种功能和用途；返回落点的控制精度提高到百米级的范围以内；返回地面的座舱经适当修理后可重复使用。

开发地外资源

地外资源，即太空资源。主要包括空间资源、太阳能资源、矿产资源三种。其中矿产资源目前还不能利用；太阳能资源虽然诱人，但更多处于设想阶段；利用最多的是空间资源（科学实验）。

人们利用宇宙空间这个特殊环境，通过人造卫星可从远距离观测地球，迅速、大量收集地球的各种信息。例如气象卫星拍摄的卫星云图能为我们更好地做出天气预报；又如，根据卫星照片发现哈萨克已干涸的库兰达里河河床下是一个大湖泊，在沙漠下发现几处淡水；再如卫星提供的国外小麦产量的准确预报，仅美国一年就获得两亿美元的好处；卫星还可以在人类还未发现时预报小麦病虫害，可及早防治。同时人类还在卫星上进行大量科学实验。1996年12月，俄美首次成功地在"和平号"轨道站培育并收获第一批太空小麦，从播种到成熟仅用97天，证明生物在太空是可以发育的。这对于人类在未来星际飞行中解决食品问题具有重要意义。在中国的一些超市中还出售有太空育种的西红柿、辣椒，其个大且抗灾能力强。宇宙具有的失重、高真空、超净和极端温度等条件是生产某些特殊物品所必需的。1992年10月我国利用一颗返回式卫星做搭载培育生物实验，培育出防癌生物——石刁柏。再如，火箭所需耐磨的铅铝合金，在地球上制造时，铅总要沉到底部，冷却后得到的不是一种均匀的合金块，而像一块分层蛋糕，如果在宇宙中生产这种合金就方便多了。根据统计约有400种地面上无法制造的合金能在失重环境中制造。

人类进入宇宙空间并开始适应、研究、认识、开发和利用空间环境，这是人类文明史上的一次伟大飞跃。宇宙环境中蕴藏着丰富的自然资源。

利用极其辽阔的宇宙空间，人造地球卫星可以从距离地球数万千米的高度观测地球，迅速、大量地收集有关地球的各种信息；利用高真空、强辐射和失重等地面实验室难以模拟的物理条件，可以在卫星上进行各种科学实验，例如在生物卫星上研究失重对昆虫、微生物、植物的生长、发育和代谢的影响。

太阳能是地球最重要的能源。但是，其绝大部分能源不能透过地球大气层到达地表。如何最大限度地利用太阳能，是摆在科学家面前的科研课题。

科学家们对航天员从月球上带回的月岩标本进行了分析，发现月岩中含有地壳里的全部元素和约60种矿藏，还富含地球上没有的能源^3He，它是核聚变反应堆理想的燃料。此外，在火星和木星之间的轨道上运行着成千上万颗小行星，其中不少小行星富含矿体。

宇宙开发活动，无论规模和技术，还是经济投入，都已不是一个国家所能独立完成的。因此，空间资源开发的一个趋向是日益走上国际合作的道路。

宇宙空间最丰富的能源是取之不竭的太阳能，空间太阳能发电站就是想最大限度地利用太阳能。人们设计了一种把太阳能直接转变为电能的装置。这种装置一般是在 N 型硅单晶的小片上用扩散法渗进一薄层硼，以得到 PN 结，再加上电极而成。当太阳光直射到薄层面的电极上时，两极间就产生电动势。太阳能发电的基本途径有两种，一种是光电转移，即将太阳光直接转换成电能，称为"光发电"；一种是聚集太阳能，产生高温，再将热能转换为电能，称为"热发电"。目前，"光发电"使用较广的装置是"太阳电池板"，这种"太阳电池板"已广泛地使用在人造卫星等空间物体上。

太空的军事价值

太空由于其得"天"独厚的地理位置，在夺取信息权、建立战场信息系统、保持信息优势方面具有其他手段所无法企及的优势。由于其他设施只能配置在本国领土上，而滞留在轨道上的航天器则根据国际外层空间法享有超越国界的权利，因此，可以最有效地对全球备战情况进行不间断的监视，能及时发现敌方发动的导弹和空间袭击，并能确保及时发出警报和对部队实施指挥，而其他设施则只能望"天"兴叹。实践证明，以应用卫星为主的航天系统在军事侦察、通信、打击、导航定位、预警、反导、军事指挥、后勤保障、军事气象等诸方面都有着不可替代的作用，在现代战争中扮演了重要角色，在未来战争中更将成为决定胜负的举足轻重的因素。随着航天系统军事功能的不断发展和完善，航天信息系统在信息化战争中的应用越来越广泛。

太空军事侦察

空间侦察监视行动，是指利用航天信息系统空间平台（卫星、飞船、空间站、航天飞机以及空天飞机等航天器）所载侦察监视设备，对陆海空天战场内的各种目标进行侦察、监视、跟踪，其目的是获取军事信息，全面掌握战场态势。自从1960年美国成功发射世界上第一颗侦察卫星以来，其战术技术性能不断提高，已成为从外层空间获取战场信息的主要手段。目前，美军90%以上的军事情报都来源于此。航天侦察监视系统已成为C4ISR的系统的重要组成部分。空间侦察监视具有诸多明显而独特的优点：一是作用范围广。空间平台居高临下，视野开阔，侦察范围广。二是飞行速度快。在近地轨道上的侦察卫星，一个半小时左右就可绕地球一圈。三是限制少，空间平台的飞行，不受国界、地理和气候条件的限制，可以定期或连续监视特定地区，可以自由飞越地球任何地区。目前，太空侦察监视主要包括成像（照相）侦察、电子侦察和海洋监视等。

太空军事通信

太空军事通信，是指利用通信卫星和地面设备在太空或经过太空进行的信息传输行动。其基本任务主要包括：全球或区域性远距离信息传输；航天器间信息传输；对航天器的跟踪、测量与控制，以及航天器轨道数据、遥测遥控数据的中继和传输等。太空通信具有距离远、覆盖范围广、容量大、质量好以及机动性、保密性、抗干扰性强等特点。根据通信终端所处位置不同，空间通信分为星间通信和星地通信。美军已建立全球性多频段、多用途、多系统、可星间组网的战略，战术军事卫星通信系统用以支持其信息化战争。美军已发展的军事卫星通信系统大体可分为七种，分宽带、窄带、抗毁应急型系统等，最典型的有地球同步轨道的国防卫星通信系统、舰队卫星——特高频后续卫星通信系统、军事战略战术中继卫星系统、现代小卫星系统，以及跟踪与数据中继卫星系统。美军卫星通信手段可以实现从参谋长联席会议主席一直到连一级，甚至到战士级。

太空军事导航定位

太空军事导航定位行动，是指利用卫星导航定位系统为陆上、海上、空中和太空低轨道用户提供导航定位信息的支援行动。主要包括：

发布导航信号和导航电文，为部队、武器系统以及位于低地球轨道上的航天器提供全天候、实时、精确的导航、定位和授时服务。太空间导航定位具有覆盖范围广、定位精度高、用户容量大、接收设备简单以及保密性、时效性强等特点。

空间导航定位系统在军事上具有极为广泛的应用，已成为一体化联合作战的支撑性空间信息系统。其主要应用为：一是为各军兵种部队、武器平台提供导航定位支持，保障机动作战的需要。二是为精确制导武器实现精确打击提供保障，可以用于弹道导弹和巡航导弹发射的快速定位、定向以及中段、末段精确制导。空间导航定位系统用于制导，具有任务规划时间短、精度高以及抗干扰和环境适应能力强等特点。目前，"惯导 INS + GPS + 景象匹配"已成为美巡航导弹的主要制导方式。三是为 C4ISR 系统提供精密授时服务，保证整个系统能够在统一精确的时间基准下协调运行，从而实现各级指挥机关对所属部队行动的精确控制和协调。

太空军事预警

太空军事预警，是指利用星载红外探测器，探测导弹主动段飞行期间发动机尾焰的红外信号，配合使用电视摄像机，及时准确地判明导弹发射及飞行情况的行动。主要任务包括：探测、发现、跟踪敌方弹道导弹发射与飞行情况的行动，及早发出导弹来袭警报、预测其弹道和落点，为实施导弹拦截和做好预警信息。卫星上若装有核辐射探测器(X 射线、γ 射线探测器、中子计数器等)，可以兼顾核爆探测任务。预警卫星的运行轨道主要有地球静止轨道和大椭圆轨道两种，一般通过多颗卫星组网以实现全球范围的监视。美国现役的卫星导弹预警系统是第三代"综合导弹预警系统"，又称"国防支援计划"预警系统，可对来袭的洲际和潜射弹道导弹分别提供25~30分钟和10~15分钟的预警时间。美国在20世纪90年代初，开始研制具有全球战区预警能力的新一代"天基红外系统"，该系统能够探测到弹道导弹的初始发射，并能对中段飞行的导弹进行跟踪，实时测定导弹的弹道，能在10~20秒内将有关信息传送地面，将具备较强的战术导弹预警能力。俄罗斯已发展两代卫星导弹预警系统，目前以二代为主，一代为辅。其预警能力与美国预警卫星基本相当。未来的导弹预警卫星将向加强中、短程导弹探测、识别和跟踪能力的方向上发展，重点是提高卫星上信息处理能力、缩短信息传输时间，提高对飞行时间短的战术导弹的敏感性。

太空军事气象观测

太空军事气象观测，是指利用卫星气象监测与预报系统，从太空对地球表面进行的气象观测行动。主要包括：获取战场气象资料，预报天气形势的发展变化，为部队提供气象信息支援。气象卫星具有观测时间长、覆盖地域广、数据汇集时间短、保密性好和图像分辨率高等特点，能够提供全球范围的战略要地或战区实时气象情报，对于保障各种军事行动的顺利实施具有重要作用。

气象卫星按所在轨道可分成太阳同步轨道气象卫星(也称"极轨道气象卫星")和地球静止轨道气象卫星两类。太阳同步轨道气象卫星每天对全球表面巡视两遍，可获取全球气象资料。地球静止轨道气象卫星高悬在赤道上空的固定位置，可覆盖地球近1/5的地区，能对同一地区进行连续监测。这两类气象卫星相互补充，可以得到完整的全球气象资料。气象卫星通常是军民共用，也有专门的军用气象卫星，美国和苏联都发射过这类军用气象卫星，主要是为全球范围的战略要地和战场提供实时气象资料，具有保密性强和图像分辨率高的特点。美军装备的是"布洛克5D－2"型国防气象卫星，其带有8台气象遥感器。它的气象数据以及其他数据均经过加密处理，可以为美海、陆、空三军提供气象预报。俄罗斯已由发射专门气象卫星改为将电子侦察卫星兼作军事气象卫星。

太空军事摄影测量

太空军事摄影测量，是指利用卫星系统对地球表面进行摄影测量和目标定位的行动。主要包括：通过获取地球表面三维摄影成像信息，测量绘制各种地图，测定目标点坐标数据。地图数据可提供巡航导弹用于地形匹配制导和末端景象匹配制导，目标点坐标数据可用于弹道导弹及其他精确制导武器的目标指引。空间摄影定位与测图卫星（航天器）上通常搭载由对地表面摄影的测量相机（地相机）、对星空摄影的星相机、计时系统，必要时还有测高仪、GPS自主定位系统等组成的航天摄影测量系统。

"太空军事摄影测图"与"太空成像侦察"的主要区别是：前者获取是三维成像数据并含有空间位置信息，可测制地图、测定点位三维坐标；后者获取的是二维成像数据，不含空间位置信息，主要用于目标的识别、跟踪和监视。

航天员

乘坐航天器进入太空飞行的人员为航天员。航天员有职业和非职业两类，一般分驾驶员、任务专家和载荷专家，或指令长、驾驶员、随船工程师、飞行工程师。最近出现了以旅游为目的的游客航天员。航天员是开拓太空之路的先锋，作为一名航天员需要具有崇高的献身精神、高深的学识水平、非凡的工作能力、优秀的环境耐力、良好的心理素质和健康的身体条件。

既然人类一定要进入太空，那么，一个人具备什么条件才能成为航天员呢？要成为航天员，首先要有良好的身体素质，因为航天员在进入太空或返回地面的过程中，要克服航天器飞行时的力学环境、太空的物理环境和航天器的狭小空间环境等特殊环境下的重重困难，适应这种环境的考验，航天员的身体和综合素质十分重要。因此，有幸成为航天员的人可谓凤毛麟角。

为确保航天员具有优良的身体素质，生理机能选拔是极为关键的。生理机能选拔主要是挑选人体各脏器和系统基本生理功能优良者。生理机能选拔内容包括心血管和肺功能检查、中枢神经系统功能检查、听觉功能检查、视觉功能检查以及内分泌和免疫功能检查等。

航天员的心理和精神状态对于航天任务的完成有着极大的影响，特别是对于长期飞行以及多人的乘员组，其心理素质的选拔是非常重要的。航天员们身处的环境是恶劣、封闭和隔绝的，而且还要面对太空中那些难以预测的风险，没有超乎寻常的"坚强神经"是不可能在这种环境中完成规定任务的。

在航天过程中要遇到各种特殊环境因素，如超重、失重、低压、缺氧、高低温、振动、噪声、辐射、隔绝等。在航天员的选拔过程中，要淘汰那些对特殊环境因素敏感和耐受能力差的人，挑选耐力和适应性优良者。

随着载人航天的发展，航天员正在扩大到许多不同的行业，如科学家、工程师、医生、教师、记者、政治家、管理人员以及太空观光旅游者。

航天员是一种在空间从事航天活动的特殊职业的人，他们要在特殊的环境条件下，在航天器的舱内外完成飞行监视、操作、控制、通信、维修以及科学研究等特殊的工作任务，并能正常的生活。这就要求必须对他们进行严格的训练，使他们具备优良的生理和心理素质，对航天特殊环境因素有很强的适应能力，并熟练掌握航天器和完成飞行任务所应具备的各种知识和技能。

强化身体素质是航天员在训练过程中是必不可少的。苏联就曾为了准备阿波罗-联盟计划，要求其航天员在一年半的训练时间内，骑自行车1 000千米，滑雪3 000千米，越野跑步200多千米。美国休斯敦航天中心，为提高航天员耐力，曾让航天员穿上80千克重的航天服，在炎热的佛罗里达沙漠中，每天步行30千米。

除了体质的训练，航天员为了准备一次飞行还需要掌握大量的理论知识，这些理论知识包括基本的航天知识，飞行任务和航天器结构、航天医学工程知识以及空间知识和应用的有关知识等。

为了提高航天员对特殊环境因素的适应性和耐受力，需要对航天员进行航天特殊环境因素的暴露和刺激，如超重、失重、器官的刺激、噪声、高低温等。

太空武器

太空武器大部分是新概念武器，主要有：

"利剑"——激光武器：用激光作武器的设想是基于激光的高热效应。激光产生的高温可使任何金属熔化。以直线射出的激光，延时完全可以忽略，也没有弯曲的弹道，因此不需要提前量，简直可以指哪打哪。另外，激光武器没有后坐力，可以迅速打击目标，还可以像机枪一样进行单发、多发或连续射击。激光武器的本质就是利用光束输送巨大的能量，与目标的材料相互作用，产生不同的杀伤破坏效应，如烧蚀效应、激波效应、辐射效应等。正是靠着这几项神奇的本领，激光武器成为理想的太空武器。

"长矛"———粒子束武器：它是利用粒子加速器原理制造出的一种武器。带电粒子进入加速器后就会在强大的电场力的作用下，加速到所需要的速度。这时将粒子集束发射出去，就会产生巨大的杀伤力。粒子束武器发射出的高能粒子以接近光速的速度前进，用以拦截各种航天器，可在极短的时间内命中目标，和激光武器一样，一般不需考虑射击提前量。粒子束武器将巨大的能量以狭窄的束流形式高度集中到一小块面积上，是一种杀伤点状目标的武器，其高能粒子和目标材料的分子发生猛烈碰撞，产生高温和热应力，使目标材料熔化、损坏，从而达到攻击的目的。

"神鞭"——微波武器：由能源系统、高功率微波系统和发射天线组成，主要是利用定向辐射的高功率微波波束杀伤破坏目标。微波波束武器全天候作战能力较强，有效作用距离较远，可同时杀伤几个目标。特别是微波波束武器完全有可能与雷达兼容形成一体化系统，先探测、跟踪目标，再提高功率杀伤目标，达到最佳作战效能。它犹如无形的"神鞭"，既能进行全面毁伤、横扫敌方电子设备，又能实施精确打击、直击敌方信息中枢。可以说，微波武器是现代电子战、电磁战、信息战不可或缺的基本武器。

"飞镖"——动能武器：动能武器的原理十分简单。一切运动的物体都具有动能。所谓动能武器，就是能发射出超高速运动的弹头，利用弹头的巨大动能，通过直接碰撞的方式摧毁目标的武器。这里最重要的一点是动能武器不是靠爆炸、辐射等其他物理和化学能量去杀伤目标，而是靠自身巨大的动能，在与目标短暂而剧烈的碰撞中杀伤目标。所以，它是一种完全不同于常规弹头或核弹头的全新概念的新式武器。

随着科学的进步，太空武器必然会发展成国家的保护力量，那时地球又将面临巨大的危险。

空间灾难

自宇宙大爆炸以后，宇宙不断地膨胀，温度不断地降低。虽然随后有恒星向外辐射热能，但恒星的数量是有限的，而且其寿命也是有限的，所以宇宙的总体温度是逐渐下降的。经过100多亿年的历程，太空已经成为高寒的环境。对宇宙微波背景辐射（宇宙大爆炸时遗留在太空的辐射）的研究证明，太空的平均温度为-270.3℃。

在太空中，不仅有宇宙大爆炸时留下的辐射，各种天体也向外辐射电磁波，许多天体还向外辐射高能粒子，形成琼宙射线。例如，银河系有银河宇宙线辐射，太阳系有太阳电磁辐射、太阳宇宙线辐射（太阳耀斑爆发时向外发射的高能粒子）和太阳风（由太阳日冕吹出的高能等离子体流等）。许多天体都有磁场，磁场俘获上述高能带电粒子，形成辐射性很强的辐射带，如在地球的上空，就有内外两个辐射带。由此可见，太空还是一个强辐射环境。宇宙大爆炸后，在宇宙中形成氢和氦两种元素，其中氢占 3/4，氦占 1/4。后来它们大多数逐渐凝聚成团，形成星系和恒星。恒星中心的氢和氦递次发生核聚变，生成氧、氮、碳等较重的元素。在恒星死亡时，剩下的大部分氢和氦以及氧、氮、碳等元素散布在太空中。其中主要的仍然是氢，但非常稀薄，每立方厘米只有 0.1 个氢原子，在星际分子区中稍多一些，每立方厘米约 1 万个左右。在地球大气层中，每立方厘米含有 10 个氮和氧分子。由此可见，太空是一个高真空环境。

太空环境除有超低温、强辐射和高真空等特点外，还有高速运动的尘埃、微流星体和流动星体。它具有极大的动能，1 毫克的微流星体可以穿透 3 毫米厚的铝板。

同时太空也可能会出现一些太空灾害，当今摆在我们面前最严峻的问题就是，很多国家的宇航局都在大力研发新的卫星，把这些人造地球卫星一个个的用火箭送到天空上去，从而也会产生一些废弃的人造卫星，当然，有一部分会被回收，但是仍然有很大一部分停留在天空中，造成天空逐步的拥挤，而且这些卫星都是高速运动，很可能与其他的卫星相撞，这样就可能出现危险，现在摆在各个国家眼前的问题就是如何处理这些太空垃圾以及要面对的太空问题。

太阳活动与空间天气

在太阳活动爆发的时候，常常伴有X射线、紫外线辐射增强，高能粒子流暴涨和日冕物质抛射等。X射线、紫外线约8分钟可以抵达地球，影响电离层和中高层大气的电离与热状态。高能粒子流，如太阳质子事件，快的可在数小时内抵达地球，使地球数万千米高空的质子流量突增千万倍，影响航天的安全。高达百万摄氏度的日冕物质以每秒数百千米至上千千米的超音速呼啸而来，形成冲击波似的风暴于两三天内到达地球，可引起地球极光、全球电离层扰动、电离层暴、地磁场突然扰动、地磁暴与亚磁暴、20~30千米以上的中高层大气密度和温度突增以及高能电子流量增强事件等，会对航天、通讯、导航和电力等高技术系统造成巨大危害，形成所谓的空间灾害性天气事件。人们类比地球上发生的风暴天气，将这些太阳剧烈活动称为"太阳风暴"。

因此，空间灾害性天气是通过高技术系统影响人类生活、社会、经济发展和国家安全的。越是高技术系统，在空间天气的灾害面前受到的影响越大，而空间灾害性天气的根源正是太阳活动。

太阳是一个能量和物质输出极富变化的天体。它的局部区域常常在数分钟或数小时的时间里，将巨大的能量和物质快速释放出来，这种现象称为太阳活动，如太阳耀斑、日珥喷发和日冕物质抛射等。

太阳上的一切剧烈活动本质上是太阳大气磁场的变化与重新组织所致。太阳活动具有近似11年的活动周期，表现为太阳表面黑子数目和面积大小的变化和太阳射电流量的变化等。

现在，人们已经知道磁场在太阳活动中起着至关重要的作用。太阳活动是一种大尺度磁场的宏观物理行为，大多数无法在地球实验室里再现。毫无疑问，它服从牛顿定律和麦克斯韦方程。但是，在许多方面，现有理论都无法解释。尽管100年来取得了非凡的成就，但是人们仍不清楚牛顿定律和麦克斯韦方程如何控制这些大尺度行为，从而导致耀斑和日冕物质抛射等现象的发生。

目前，太阳物理、日地关系和空间天气过程的研究已经成为国际上最富活力的一个科学领域。我国科技部也批准了国家重点基础研究发展规划项目——"太阳剧烈活动与空间灾害天气"，希望在空间天气过程的关键环节研究中取得突破性进展。而正式启动的"地球空间双星探测计划"，也是要提高对航天活动和地球空间环境灾害性扰动的安全保障能力。

空间天气学

空间天气学是空间天气（状态或事件）的监测、研究、建模、预报、效应、信息的传输与处理、对人类活动的影响以及空间天气的开发利用和服务等方面的集成，是多种学科（太阳物理、空间物理等）与多种技术（信息技术、计算机技术等）的高度综合与交叉。

空间天气学的基本科学目标是把太阳大气、行星际和地球的磁层、电离层和中高层大气作为一个有机系统，按空间灾害性天气事件过程的时序因果链关系配置空间、地面的监测体系，了解空间灾害性天气过程的变化规律。

空间天气学的应用目标是减轻和避免空间灾害性天气对高科技技术系统所造成的昂贵损失，为航天、通信、国防等部门提供区域性和全球性的背景与时变的环境模式；为重要空间和地面活动提供空间天气预报、效应预测和决策依据；为效应分析和防护措施提供依据；为空间资源的开发、利用和人工控制空间天气以及有关空间政策的制定等。

国际上，空间天气一词大约于20世纪70年代的科学文献中作为一种对未来科学的"畅想"而提出。美国1994年11月正式发表了"美国国家空间天气战略计划"，定义空间天气系指太阳上和太阳风、磁层、电离层和热层中影响空间、地面技术系统的运行和可靠性及危害人类健康和生命的条件。

显然，发展和建立空间天气学，建立能独立自主对空间天气变化进行监测、研究与预报的体系，既是对自然界的挑战，更关系到增强国家综合实力，是一门具有重要基础性、战略性和前瞻性的跨世纪新学科。

目前，航天、通信等高技术领域进入了蓬勃发展的时期，迅速形成了巨大产业。数百颗卫星在空间运行，维系着当今世界经济全球化的平稳发展，在商业、贸易、金融、减灾救灾、全球气候变化、能源利用、土地资源、生态环境监测、政府管理和国家安全等领域发挥着越来越大的作用。

人类社会发展越来越依赖空间技术系统，空间卫星技术将变成大多数国家都用得起、都会用、都要用的技术。由于空间技术系统的脆弱性、昂贵性、长效性、重要性和高风险性，如何减轻或避免空间天气对这些庞大的卫星系统和相关技术系统带来的重大损伤，保障它们安全、良好地运行和效能的最大化发挥，成为一种紧迫需求。在如此重大的社会发展和国家利益面前，美国于1995年率先制定了国家空间天气战略计划，航天、通信、导航、电网、资源考察、生命与健康作为空间天气关系国家利益的7个重要领域被列在该计划中。随之而来的是法国、德国、英国、俄罗斯、日本、加拿大、澳大利亚诸多国家相继制定国家空间天气起步计划；一些国际组织如空间研究委员会成立相应的空间天气专门委员会，国际科学理事会所属日地物理科学委员会组织日地系统空间气候和天气国际计划，设立空间天气科学与应用专题委员会等。特别值得提到的是由美国宇航局牵头、几乎所有与卫星有关的国家都参加的一个规模空前的、有数十颗卫星参与的国际与太阳同在计划，该计划

"是一个聚焦于空间天气、由应用驱动的研究计划"。

空间灾害天气

越是高科技系统，在空间天气的灾害面前受到的影响越大，而空间灾害性天气的根源正是太阳活动。

太阳活动是太阳大气中局部区域各种不同活动现象的总称。包括：太阳黑子、光斑、谱斑、耀斑、日珥。

耀斑对地球空间环境造成很大影响。太阳色球层中一声爆炸，地球大气层即刻出现缭绕余音。耀斑爆发时，发出大量的高能粒子到达地球轨道附近时，将会严重危及宇宙飞行器内的宇航员和仪器的安全。当耀斑辐射来到地球附近时，与大气分子发生剧烈碰撞，破坏电离层，使它失去反射无线电电波的功能。无线电通信尤其是短波通信，以及电视台、电台广播，会受到干扰甚至中断。耀斑发射的高能带电粒子流与地球高层大气作用，产生极光，并干扰地球磁场而引起磁暴。

此外，耀斑对气象和水文等方面也有着不同程度的直接或间接影响。正因为如此，人们对耀斑爆发的探测和预报的关切程度与日俱增，正在努力揭开耀斑迷宫的奥秘。

太阳是地球上光和热的源泉，它的一举一动，都会对地球产生各种各样的影响。黑子既然是太阳上物质的一种激烈的活动现象，所以对地球的影响很明显。

当太阳上有大群黑子出现的时候，地球上的指南针会乱抖动，不能正确地指示方向；平时很善于识别方向的信鸽会迷路；无线电通信也会受到严重阻碍，甚至会突然中断一段时间，这些反常现象将会对飞机、轮船和人造卫星的安全航行、电视传真等方面造成很大的威胁。

黑子还会引起地球上气候的变化。100多年以前，一位瑞士的天文学家就发现，黑子多的时候地球上气候干燥，农业丰收；黑子少的时候气候潮湿，暴雨成灾。我国的著名科学家竺可桢研究发现，凡是中国古代书上对黑子记载得多的世纪，也是中国范围内特别寒冷的冬天出现得多的世纪。还有人统计了一些地区降雨量的变化情况，发现这种变化也是每过11年重复一遍，很可能也跟黑子数目的增减有关系。

研究地震的科学工作者发现，太阳黑子数目增多的时候，地球上的地震也多。地震次数的多少，也有大约11年的周期性。

植物学家也发现，树木的生长情况也随太阳活动的11年周期而变化。黑子多的年份树木生长得快；黑子少的年份就生长得慢。

更有趣的是，黑子数目的变化甚至还会影响到我们的身体，人体血液中白细胞数目的变化也有11年的周期性。

太空碎片

太阳系内除了太阳、八大行星及其卫星、小行星、彗星外，在行星际空间还存在着大量的尘埃微粒和微小的固体块，它们也绕着太阳运动。在接近地球时由于地球引力的作用会使其轨道发生改变，这样就有可能穿过地球大气层。或者，当地球穿越它们的轨道时也有可能进入地球大气层。由于这些微粒与地球相对运动速度很高，与大气分子发生剧烈摩擦而燃烧发光，在夜间天空中表现为一条光迹，这种现象就叫流星，一般发生在距地面高度为80~120千米的高空中。流星中特别明亮的又称为火流星。造成流星现象的微粒称为流星体，所以流星和流星体是两种不同的概念。

流星体的质量一般很小，比如产生5等亮度流星的流星体直径约0.5

厘米，质量0.06毫克。肉眼可见的流星体直径在0.1~1厘米之间。它们与大气的相对速度与流星体进入地球的方向有关，如果与地球迎面相遇，速度可超过每秒70千米，如果是流星体赶上地球或地球赶上流星体而进入大气，相对速度为每秒10余千米。但即使每秒10千米的速度也已高出子弹出枪膛速度的10倍，足以与大气分子、原子碰撞、摩擦而燃烧发光，形成流星而被我们看到。大部分流星体在进入大气层后都汽化殆尽，只有少数大而结构坚实的流星体才能因燃烧未尽而有剩余固体物质降落到地面，这就是陨星。特别小的流星体因与大气分子碰撞产生的热量迅速辐射掉，不足以使之汽化。据观测资料估算，每年降落到地球上的流星体，包括汽化物质和微陨星，总质量约有20万吨之巨。

太空并非一片净土，其实，这次销毁"和平号"空间站所造成的大约30~40吨太空垃圾，只是人类40多年来进行航天活动的很少的一部分。

科学家把天然陨星和人类航天活动在宇宙空间形成的垃圾称为空间碎片。随着一个又一个人造卫星等各类航天器的升空，本来纯净的太空，变得越来越不干净了。

太空垃圾来自何处？专家认为，太空垃圾主要来自四个方面：运载火箭和航天器在发射过程中产生的碎片；航天器表面材料的脱落；材料的逸出；还有火箭和航天器爆炸、碰撞过程中产生的碎片。

当运载火箭把卫星送入太空后，火箭的剩余部分就在太空中游荡，成为太空垃圾。各类航天器除了像返回式卫星、飞船一类的可回收外，其他类型的航天器当它们在太空中完成预定功能后，也将变成太空垃圾。这些"太空游客"几年、几十年甚至几百年地留在太空中。小的碎片在自然下落过程中，与大气摩擦燃烧解体，变成粉末消失。而大的碎片无法燃烧干净，仍留在太空中，日夜不停地围绕地球飞行。

近地小天体的撞击

作为太阳系的一类天体，小行星绝大多数运行在火星与木星之间的轨道上，只有不到3%的少数穿越其他大行星轨道绕太阳公转。有些则到达地球附近，就被称为近地小行星。近地小行星中有的轨道与地球轨道交叉，就有可能撞上地球，有的离地球轨道很近，也可能被地球引力捕获而招来麻烦，导致与地球相撞的结果。

已发现200多颗近地小行星，其中有几颗离地球很近，如2002年8月19日，一颗直径为0.8千米的2002NY40的小行星与地球擦肩而过时两者的距离不足54.5万千米，仅为地月距离的1.5倍。科学家们认为，尚有更多的近地小行星尚未查清楚。根据计算，直径约1 000米的小行星与地球撞击的概率为10万年1次。

事实上，地球已多次遭遇小行星的袭击。6 500万年前一颗直径约10千米的小行星撞击地球，造成了恐龙的灭绝。最近一次撞击乃是1908年6月30日发生在西伯利亚的通古斯爆炸。

为使地球免遭天外不速之客来袭的灾变，科学家们借助现代高新技术，尤其是航天和核技术成就提出了多种设防方案，其中比较现实的主要有如下三种举措：

一是在来袭小行星上安装核火箭发动机将其推出运行轨道。近地小行星都有固定的运行轨道，一旦发现危险对象，可提前算出其撞击地球的时间，事先用运载火箭将核火箭发动机送到它的表面，按选准的方向予以固定。核火箭发动机的特点是可以长期工作，只要核反应物质充足，能够产生持久的推动力，且在小行星上用不着考虑辐射防护和核污染。这样点燃核火箭发动机后，它会推动小行星逐渐地偏离原来的运行轨道，使之与地球相错。当然，一次达不到目的，可以连续地再装置核火箭，以确保小行星远离人类摇篮。

二是在入侵小行星上装载太阳帆，推动其离开原来运行轨道。太阳帆也是用常规运载火箭运抵对地球确有威胁的小行星上面，然后将其按预定方向加以紧固。太阳帆是利用太阳光的光子碰到帆板后产生的压力即光压的原理来提供推力的。由于每平方米帆面上光压产生的推力很小，故而太阳帆面积要做得足够大。2004年8月9日，日本用火箭在太空旋转飞行的方式，成功打开的两个树脂薄膜太阳帆，分别在太空飞行了2分50秒，证明利用太阳光压能够获得推力并在太空中航行。当然，在向小行星运行太阳帆过程中，太阳帆只能处于折叠状态并盛装在运载火箭顶端的保护罩内，待其到达小行星表面后再展开并加固定。太阳光连续持久地作用在太阳帆上面，其光压产生的推力最终将使小行星改变轨道，与地球失之交臂。

三是在进犯小行星近处引发核爆炸，使其慢慢改变运行轨道。核装置亦用运载火箭送到小行星附近，当其抵达预定方向的最近距离时，引爆核装置，立即释放出强烈的核辐射、冲击波和光辐射，以其巨大的破坏威力使小行星的表面物质气化。待小行星的设定侧面损失掉一层物质后，重心偏移，它就会逐渐离开原来轨道，一次不能如愿，可以多次发射核弹头，定能确保地球无虞。也有的科学家主张，将一系列的核弹头直接发射到小行星的一侧爆炸，打掉小行星表面的一部分，从而改变其运行轨道，迫使它躲开地球运行。这两种办法，都比用核弹直接迎击小行星将其炸碎节省能量。

加加林的首次太空飞行

尤里·加加林是一位苏联宇航员，他是到太空旅行的第一人。

1961年4月12日，"东方1号"宇宙飞船载着他围绕地球完成了一次完整的轨道飞行。在这次长达108分钟的旅行中，他飞越了 40 000千米，这也是他进入太空的唯一一次旅行。

这次飞行之后，加加林便名扬四海，并成为一位世界英雄。他得到许多荣誉，包括将他靠近莫斯科的家乡格扎茨克重新命名为加加林市。不幸的是他于1968年为另一次飞行作训练时因坠机而死亡。

踏上航天征途之前加加林的生活极其简单。

他生于1934年，童年是在斯摩棱斯克区的克鲁什纳村渡过的，后来，他们举家迁到了格查茨克小城。加加林的父母，乃至祖父母都是农民。

1949年当加加林刚满15岁时，他停止了中学的学业并进入工厂工作，以便尽早地从经济上帮助父母。翻砂车间的工作是繁重的。这不仅需要知识和经验，而且需要体力。对于年仅15岁的人来说绝不是一种轻松的事。然而年轻的加加林依然每天坚持去工人夜校学习，并且在毕业后以优异的成绩考取了伏尔加流域萨拉托夫的一所中等技工学校。

加加林的飞行员生涯就是从萨拉托夫开始的。他加入了萨拉托夫航空俱乐部，后来又进入航空学校，成了一名出色的空军飞行员。

1960年经过极严格的"超级选拔"，加加林被送往莫斯科接受特种训练。

过去和现在一直有人提出一个问题：第一名航天员为什么单单选中了他？首批航天员队的领导之一卡尔诺夫回答这个问题时说，是由于注意到了加加林所具备的如下无可争辩的品格：坚定的爱国精神、对飞行成功的坚定信念、优秀的体质、乐观主义精神、随机应变的智能、勤劳、好学、勇敢、果断、认真、镇静、淳朴、谦逊和热忱。除以上条件外，对于第一名航天员的人选，赫鲁晓夫当时还作过如下指示：必须是纯苏联人。因而，使具备同等条件的乌克兰族的航天员季托夫成为首次航天的预备航天员。

正如人们所知道的那样，加加林不负众望，成功地完成了首次航天任务。

1961年4月12日，莫斯科时间9时7分，加加林驾驶着"东方1号"飞船从拜科努尔发射场起飞，以1小时48分的时间绕地球飞行1圈后安全返回，降落在萨拉托夫州斯梅洛夫卡村地区。加加林的成功使他两天后被授予"苏联英雄"称号。他驾驶的"东方1号"飞船成为世界上第一个载人进入外层空间的航天器。就是在108分钟的飞行过程中，加加林由上尉荣升为少校。

美国的航天飞机

美国航天飞机是世界上第一种往返于地面和宇宙空间的可重复使用的航天运载器。它由轨道飞行器、外贮箱和固体助推器组成。每架轨道飞行器可重复使用100次，每次最多可将29.5吨有效载荷送入185~1 110千米近地轨道，将14.5吨有效载荷带回地面，航天飞机全长56.14米，高23.34米。轨道飞行器可载3人~7人，在轨道上飞行7~30天，即可进入低倾角轨道，也可进入高倾角轨道，可进行回合、对接、停靠，执行人员和货物运送，空间试验，卫星发射、检修和回收等任务。

航天飞机在发射场垂直起飞，上升过程中抛掉工作完毕的固体助推器的壳体和外贮箱，靠轨道飞行器内的发动机上升到地球大气层以外的轨道运行。完成任务以后，再改变速度，脱离轨道，重返大气层，像飞机一样滑翔回预定机场，水平着陆。轨道飞行器具有2 000千米横向机动能力，为精确对准着陆机场调整飞行航线。助推器回收后，经整修可再次使用，外贮箱不回收。

1981年初，经过十年的研制开发，"哥伦比亚号"终于建造成功，它是第一架用于在太空和地面之间往返运送宇航员和设备的航天飞机。它第一次飞行的任务只是测试它的轨道飞行和着陆能力。在太空飞行54小时，环绕地球飞行36周之后航天飞机安全着陆。"哥伦比亚号"是以18世纪初第一艘环绕地球航行的美国轮船的名字命名的，在"挑战者号"建成之前，"哥伦比亚号"又进行了4次飞行。

1982年，"挑战者号"成为美国宇航局的第二架航天飞机。航天飞机（正式名称为空间运输系统）由轨道飞行器、固体燃料火箭推进器和外燃烧箱共同构成。轨道飞行器是一种用来在太空和地面之间往返运送宇航员和设备的带有机翼的太空飞机。由于它悲惨的结局，"挑战者号"这个名字在全世界的知名度可能比其他航天飞机都要大。"挑战者号"进行了9次飞行，第一次是1983年4月，最后一次（飞机失事）是在1986年。

"发现号"航天飞机轨道飞行器是以18世纪美国探险家詹姆斯·库克的小船的名字命名的。他驾驶着这艘小船在南太平洋航行，成为第一个踏上夏威夷群岛的非土著居民。"发现号"航天飞机是美国建造的第三架航天飞机，前两架是"哥伦比亚号"和"挑战者号"。"发现号"航天飞机的第一次飞行是在1984年8月，总计飞行了21次，比任何其他航天飞机飞行次数都多。

1985年，"亚特兰蒂斯号"成为美国宇航局的第四架航天飞机。"亚特兰蒂斯号"是以美国第一艘远洋船舶的名字命名的，这艘轮船从1930年到1966年在马萨诸塞州的伍兹霍尔海洋研究所被用来进行研究。"亚特兰蒂斯号"航天飞机重77.7吨，它在1985年10月和1996年

3 月之间进行了 16 次飞行。

"奋进号"是美国宇航局最新建造的一家航天飞机轨道飞行器。它是由美国宇航局于 1991 年建造，用来替代 1986 年在爆炸中被毁坏的"挑战者号"。"奋进号"是以 18 世纪英国探险家詹姆斯·库克的考察船的名字命名的。"发现号"高 36.6 米，宽 23.4 米，重 71 吨，造价超过 20 亿美元。它是美国宇航局建造的四架航天飞机之一，也是还在使用当中的航天飞机之一。

"暴风雪号" 航天飞机

苏联一共制造了 11 艘"暴风雪号"航天飞机，其中的 10 架已经被拆或拍卖，只有一架还封存在拜科努尔航天中心。

在美国航天飞机迅速发展的时候，一直在载人航天领域成就斐然的苏联实际上也在对航天飞机进行积极的探索。从 20 世纪 50 年代直到苏联解体，苏联曾经先后进行了近 20 个试验项目，有的已经达到了可以进行实用飞行的程度。只是由于政治、经济等多方面的复杂原因，除了"暴风雪号"航天飞机进行过一次无人驾驶飞行之外，大多数项目半途而废。但是尽管如此，这些试验却有力地推动了苏联航天事业的进步，使其在世界航天飞机的发展史上占有一席之地。同时它也为俄罗斯今后研制和开发新型航天器打下了良好的技术基础。

苏联航天飞机概念的提出，最早始于 50 年代初。当时，为了对付美国的战略轰炸机，苏联开始研制一种巡航导弹。由于这种导弹可以用亚音速、跨音速和超音速在接近大气层边缘的高度飞行，因而它被人们看做是航天飞机的先驱。这种巡航导弹先后进行了五次试验，最后于苏联第一颗人造卫星发射成功后被搁置。

1958年，苏联国防部在一个关于今后25年空间科技发展方向的计划中，曾提出研制航天飞机的设想。但当两种样机被制造出来并准备进行载人飞行试验时，1960年10月赫鲁晓夫下令对国防工业进行改组，使这一计划中途停止。

20世纪70年代初，苏联陆续进行了一系列有关航天飞机机理的研究和试验，其中包括轨道机动飞行、再入热防护、全部回收和部分回收、垂直起飞和着陆等关键性技术课题，同时提出了有关机型和轨道控制技术的方案。

苏联研制的航天飞机有两种：一种是小型航天飞机，一种是大型航天飞机。从1982年到1984年，苏联先后进行了4次小型航天飞机缩小比例的模型发射试验。1982年6月3日，在第一次试验中，代号为"宇宙1374号"的航天飞机模型进入轨道后，绕地球飞行了1.25圈，历时109分钟，最后溅落在印度洋上，由早已等候在此的舰队回收。这次试验被西方发现并进行了报道，而后，苏联又集中力量研制大型航天飞机，先后调集了全国1 000多个科研院所和工厂的上万名科技人员，耗资200多亿卢布，终于研制出了世界上第一架无人驾驶的航天飞机——"暴风雪号"。

1988年11月15日，苏联在拜科努尔航天发射场用"能源号"火箭，将"暴风雪号"送入近地轨道。这架外形酷似美国航天飞机的航天器，能够将30吨重的有效载荷送上轨道，也可以从轨道上把20吨重的有效载荷带回地面。它由粗大的机身、三角形的机翼和单垂直尾翼组成，飞机的头部和尾部安装有由48台发动机组成的联合动力装置，可以分别完成航天飞机的加速、变轨和机动操作、机身前部的双层气密座舱、能容纳4名机组人员和6名考察人员，能在太空工作一周到一个月。苏联官方宣布，"暴风雪号"的主要任务是将"和平号"空间站的设备从天上带到地球检修。

"暴风雪号"顺利入轨后，绕地球飞行了两圈，历时3小时25分。而后在计算机的控制下开始返航。它穿过大气层，迎风降落在发射场内的一条长 4.5 千米的跑道上。这次试飞取得了圆满的成功，"暴风雪号"各个部件都运转正常，整个机身只掉了 5 块防热瓦。

苏联航天飞机的发展比美国起步晚，技术也不如美国成熟。它的三台主发动机都装在外贮箱上，而不是像美国航天飞机那样装在轨道器上，且外贮箱和助推器都不能重复使用。由于政治经济方面的原因，"暴风雪号"只进行了这唯一的一次试飞，便从此销声匿迹了。1991 年11 月，苏联军方宣布停止该项目的工程拨款；1993 年 6 月 30 日，整个"暴风雪号"航天飞机计划因为缺少资金支持而被放弃。

"和平号"空间站

"和平号"是苏联的第三代空间站，亦为世界上第一个长久性空间站。苏联人把对接后的组合飞船称为"世界上第一个宇宙空间站"。"和平号"空间站的轨道倾角为 51.6°，轨道高度 300~400 千米。"和平号"空间站计划正式制定是在 1976 年。1987 年 3 月 31 日，苏联用质子运载火箭发射了第一个实验舱——"量子 1 号"，开始了"和平号"积木空间站的正式组装工作。

中期量子专业实验舱共有五个，分别是天文物理舱、服务舱、晶体舱、光学舱和自然舱，用于天文观测、对地观测、材料实验与加工、生物医学实验等。"量子 1 号"发射后于 4 月 12 日同"和平号"硬对接成功。其余各舱分别于 1989 年 11 月 26 日、1990 年 5 月 31 日、1995 年 5 月20 日、1996 年 4 月 23 日发射，它们与"和平号"对接后，组装工作全部完成。完整的"和平号"空间站全长达 87 米，质量达 123 吨，有效容积470 立方米。它作为世界上第一个长期载人空间站，自诞生之日起，共在轨道上运行了 15 载，大大超过了 5 年的设计寿命。它绕地球飞行 8 万多圈，行程35亿千米，进行了2.2万次科学实验，完成了23项国际科学考察计划。共有31艘"联盟号"载人飞船、62艘"进步号"货运飞船与其实现对接，还9次与美国航天飞机对接和联合飞行。宇航员从这座"人造天宫"进行了78次太空行走，舱外活动的总时间达359小时12分钟。先后有28个长期考察组和16个短期考察组在上面从事考察活动，共有12个国家的135名宇航员在空间站上工作。宇航员在空间站上进行了大量生命科学实验、空间材料学和医学实验，取得极为宝贵的成果和数据。拍摄了许多恒星、行星的照片，进行了基本粒子和宇宙射线的探测，大大扩展了人类对宇宙的认识，还探索了从太空预报地震、火山爆发、水灾及其他自然灾害的可能性。

中期"和平号"空间站创下了多个世界第一：它是在太空工作时间最长、超期服役时间最长、工作效率最高、接待各国宇航员最多的太空站，俄罗斯宇航员波利亚科夫创造了单人连续在太空飞行438天的最高纪录。此外，"和平号"空间站还在试验人造月亮、空间商业化等方面进行了许多有益的探索，获得了大量数据及具有重大实用价值的成果，为开发利用太空和人类在太空长期生活积累了丰富的经验。在医学领域，研究了在太空使用的药物处方、宇航员飞行后的体力恢复方法。在生物学领域，研究了蛋白质晶体生长、高效蛋白质精制、特殊细胞分离、特种药品制备等。在材料和空间加工领域，进行了600多种材料实验，制造了半导体、玻璃、合金特35种材料。在对地观测方面，发现了10个地点可能有稀有金属矿藏，117个地点可能有油脉存在。在天文观测方面也做出了许多重大发现。此外，还开发了大量空间新技术。

"和平号"是载人空间站研制与运行的一个重要里程碑。人类在"和平号"计划中所掌握的太空舱建造、发射、对接技术，载人航天及太空行走技术，太空生命保障技术，航天医学，生物工程学，天体物理学，天文学知识，以及商业航天开发经验，都正在或将在国际空间站计划及未来的太空城和月球、火星基地规划中发挥不可替代的作用。"和平号"已经大大地超额完成了任务，它的光辉业绩将永载史册。

深空探索

探测太阳系的八大行星叫做深空探测，包括太阳、各种各样的小行星、卫星的探测。20世纪五六十年代，人类已经探测过月球、火星、金星，即离地球最近的几个天体，70年代探测比较遥远的天体，80年代至21世纪初，人类开始探测太阳系中各种各样的小行星，一共进行了250次探测。

深空探测的第一步必须经过月球，这是深空探测的起步和门槛。月球是地球的天然卫星，是离地球最近的一个天体，是人类飞出地球、探测太空的首要目标。月球可以对地球进行各种各样的检测，还可以进行科学研究，也是进入火星和其他星体的一个转运站，另外月球资源、能源的开发和利用将为地球人类的可持续发展做出巨大贡献。

月球表面没有大气，是超高真空状态，是实验室所不能达到的超真空度。由于月球表面没有大气，则必然产生两个效果：第一，没有声音；第二，由于没有热的辐射和热的传导，就致使物体照到太阳的一面温度高达130℃，背面则是低到－130℃到－150℃，环境非常恶劣。在月球上，太阳一出一落，大约相当于地球上的14天，即半个月，也就是月球的一天是我们的一个月，白天半个月，晚上半个月。

因为月球的自转是一个月转一圈，而它绕着地球转一圈也是一个月，这两个球体的周期如此一致，这导致人类永远只能见到月球的同一面，而见不到另一半月球，包括恐龙那个时代也是如此。

月球表面千疮百孔，不好看。有人统计过，直径大于1 000米的坑有33 000多个，小于1 000米的有无数个，太阳系有固态表面的行星都是一样的，因此地球也应该是被砸得千疮百孔的，现在地球上仍然留有

100多个坑。我们计算月球的年龄就是通过砸的坑的多少来的，很简单，一个地方砸的坑的密度越大，肯定这个地方比较"老"。

南非有一个坑，是19亿年以前形成的，直径大概有240千米，这个坑周围是南非最有名的黄金和钻石的产地。加拿大有一个18亿年前撞击坑，那个地方是世界上最有名的铜和镍的产地，现在还在开采。地球撞击坑现在能够辨认的还有100多个。

这种撞击给生命带来了极大的威胁，地球上大概有22次物种灭绝都是由于天体撞击地球造成的。现在人类可以发射航天器，把靠近地球的天体稍微推动一点点，让它的轨道与地球擦肩而过。科学发展到今天，人类应该成为地球的保护神，人类完全可以保护地球使它免于这种灾难。

航天器发射场

航天器发射场是发射航天器的特定区域。场区内有整套试验设施和设备，用以装配、贮存、检测和发射航天器，测量飞行轨道，发送控制指令，接收和处理遥测信息。航天器发射场的组成和功能与导弹试验靶场基本相同，有的是根据航天试验的特殊需要专门建造的。发射场通常建在人烟稀少、地势平坦、视野开阔、气候和气象条件适宜的地方，并且应考虑所发射方向的主动段航区上没有大城市、重要工程。发射地球静止轨道卫星或小倾角轨道航天器的发射场，宜选择在地球赤道附近或低纬度地区，以减少入轨所需的推进能量。

航天器发射场的位置根据航天器发射试验技术的特点和安全要求选定。运载火箭发动机所用的推进剂多有毒性，易燃和易爆，火箭发动机点火后喷出的有害气体会污染周围的环境，助推火箭或运载火箭的第一级在完成工作后坠落地面，或因故障和失误造成发射失败，都会对地面生命财产构成严重威胁。因此，通常把航天器发射场选在人口稀少，地势平坦，视野开阔，地质、水源、气候和气象条件适宜的内陆沙漠、草原或海滨地区，也有建在山区或岛屿上的。地球自转的影响也是选址的考虑因素。特别是发射地球静止卫星或小倾角轨道航天器的发射场，宜选建在地球赤道附近或低纬度地区。这样的地区比较容易获得小倾角轨道，能减少远地点变轨所需要的能量，缩短从发射点到入轨点的航程。法国圭亚那航天中心就是根据这一考虑选址的。

通常由测试区、发射区、发射指挥控制中心、综合测量设施、各勤务保障设施和一些管理服务部门组成。某些航天器发射场还包括助推火箭或运载火箭的第一级工作完成后的坠落区和再入航天器（如航天飞机的轨道器）或回收舱的着陆（溅落）区。航天器发射场的全部设备分为专用技术设备和通用技术设备。专用技术设备包括：运输设备、起重装卸设备、装配对接设备、地面供电设备、地面检测和发射用电气设备、自动控制设备、推进剂贮存和加注设备、废气和废液处理设备、发射勤务设备、遥控和监控设备、测量和数据处理设备。通用技术设备有：动力、通信、气象、计量、给排水、供气、消防、修理等设备。固体火箭的航天器发射场设有专门的固体火箭装配厂房及其辅助设施。航天飞机发射场还设有轨道器返回着陆设施（如跑道和其他着陆设施），设有轨道器检修、装卸载荷、有毒燃料处理等设施和设备，以便修整后重复使用。

监测运载火箭和航天器各系统工作状况的多功能综合设施，包括：计算中心、航区测控站和测量船。测控站、测量船布设在运载火箭和航天器飞行航区的沿线，装备有测量设备、时间统一勤务设备、通信和电视设备、信息处理设备和遥控设备以及相应的辅助设备。测量设备有无线电遥测接收设备、无线电弹道测量设备、光学（激光、红外）测量设备等。测量站对获得的运载火箭和航天器弹道参数、遥测信息、电视图像进行处理、显示和记录，同时传送给计算机中心和发射指挥控制中心处理、显示、判断，然后发送到航天控制中心。

空间探测器

　　空间探测的范围集中在地球环境、空间环境、天体物理、材料科学和生命科学等方面。自 1957 年 10 月 4 日第一颗人造卫星发射升空，到 2000 年全世界已发射了许多空间探测器。它们对宇宙空间的探测取得了丰硕成果，所获得的知识超过了人类数千年所获知识的总和。

　　1958 年 1 月 31 日，美国发射成功第一颗卫星"探险者 1 号"，它首次探测到地球周围存在一个高能电子、粒子聚集的辐射带，这就是著名的范·艾伦辐射带。1958 年末美国发射的"先驱者 3 号"探测器，在飞离地球 10 万千米的地方又发现了第二条辐射带。这是利用人造卫星和空间探测器最初探测的典型成果。

　　从 1958 年开始，人类用人造卫星、宇宙飞船、空间站和航天飞机等作为探测手段，对近地空间的环境，如地球辐射带、地球磁层、太阳辐射、极光、宇宙线等进行了探测。美国的"探险者""轨道地球物理观测站""轨道太阳观测站"系列，苏联的"宇宙号""预报号""质子号"系列中的一部分，中国的"实践"系列等，借助携带的科学仪器，测量了地球大气层、电离层、磁层的基本结构，测量了太阳光辐射谱、空间粒子成分、高能电子、高能质子和太阳磁场等参量及其变化，探测了各类现象之间的相互关系等。通过对空间环境的探测和研究，为各类航天器的发射和飞行，航天员较长时间在太空生活，并实现太空行走和其他太空活动，提供了重要数据和安全条件。

　　从 1959 年开始，人类已经跨过近地空间到月球以至月球以外的深空进行探测活动。各种空间探测器相继考察了月球，拜访了太阳系的水星、金星、火星、木星、土星、天王星、海王星以及"哈雷"彗星等。其中对月球的考察最详细，甚至派遣了航天员赴月球实地考察；对金星、火星不仅拍摄绘制了地形图，而且还多次发射无人探测器在金星和火星表面着陆进行科学考察。科学家由此初步揭开了月球和太阳系各大行星的不少奥秘，回答了过去天文学家们争议不休的许多不解之谜。

从1960年美国发射第一颗天文卫星"太阳辐射监测卫星"开始，人类陆续发射了分别对X射线、紫外线和红外线等进行观测的天文卫星，它们突破了地球大气层对天体辐射的阻挡，获取了来自宇宙空间整个波段的电磁辐射，实现了高灵敏度和高分辨率的观测，使对天体的观测波段扩大到紫外线、X射线等地面无法观测的波段，从而不断揭示出宇宙的真实面貌。

1959年1月，苏联发射了第一个月球探测器——"月球1号"，此后美国发射了"徘徊者号"探测器、月球轨道环行器、"勘测者号"探测器。20世纪60年代以后，美国和苏联先后发射了100多颗行星和行星际探测器，分别探测了金星、火星、水星、木星和土星，以及行星际空间和彗星。其中有先驱者（美）、金星（苏）、水手（美）、火星（苏）、太阳神（美、德合作）等探测器。美国在1972年3月发射的先"驱者10号"探测器，已在1986年飞越冥王星的平均轨道，成为第一个飞出太阳系的航天器。美国1989年5月发射的"麦哲伦号"探测器，于1990年8月后一直绕金星飞行，1991年发现金星仍存在地质活动。日本于1991年8月发射"太阳–A"探测器，用于观测太阳活动。

太空竞赛

1957年10月4日的寒冷深夜，苏联人利用R-7型弹道导弹成功发射人造卫星。这颗人造旅伴从此开启人类太空时代。到今天，人类仰望太空已经有了更加生动、实在的内容。我们的感动也已经不仅仅来自于地理或科学上的意义。正如首位太空游客蒂托感言："太空不是宇航员的太空，太空是所有人的太空"。

1958年年底，苏联又发射了"斯普特尼克3号"卫星，重达1.36吨。紧接着，在太空竞赛中，美国和苏联发展着各具特色的太空技术，出现了一系列蔚为壮观的成就和功勋卓越的英雄。

1961年，美国总统肯尼迪宣布了"阿波罗"登月计划。肯尼迪的这一计划使美苏两国的"空间竞赛"骤然升级，两国都把目标放在了载人登月上。

1961年4月12日，年仅27岁的苏联宇航员尤里·加加林成为进入太空的第一个人。1962年约翰·格伦成为美国第一个进入太空的人。

1963年6月16日，苏联的捷列什科娃，曾经的纺织女工，她乘"东方6号"成为第一位进入太空的女性。1965年3月18日，列昂诺夫完成了人类首次太空漫步。

这极大地挑动了普通人的好奇和热情，"太空人"几乎成了所有人心目中的英雄，连时尚界都掀起了太空概念的时装主题。这股浪潮在20世纪60年代末期达到了顶点，因为在1969年7月20日，人类的足迹终于留在了月球上。

这个时候，无论美国还是苏联，都完全有能力将几吨重的物品送入太空。

然而悲剧也正悄悄接近他们，1967年1月27日下午6点31分4秒，在美国肯尼迪航天中心，3名宇航员被烧死在"阿波罗号"太空舱内。

1972年，太空时代的黄金岁月迅速过去，美国陷入越战泥潭，而苏联则被资金压力拖得疲惫不堪。太空时代的政治色彩褪去。技术上的大胆尝试和开发外太空的勇气之举相应削弱，太空失去了公众注目。

于是探索的火把传到机器人手里。

1975年苏联的机器人"维尼拉"探测器，在穿越金星硫磺酸云的同时，经受了482℃的高温，以及90倍大气压的压力，为地球传回第一张其他星球地表的图像。

美国1977年发射的"旅行者1号"，现在仍然在向地球传回信号。1990年2月14日，它在飞速穿过土星后，开始往回飞行，并且从太空中发回了第一张太阳系全家福。

行星探测新浪潮

人类的求知欲望是永无止境的，当我们对地球的认识越来越深入的时候，自然而然地将目光投向了更加广阔的宇宙。我们将对太阳系内的行星及星际空间的探测称为行星探测。因为浩瀚无垠的宇宙有1 000多亿个星系，银河系只是其中之一；每个星系中又有几十亿个恒星，以各个恒星为中心又组成几十亿个恒星系统，太阳系也只是其中之一，可见人类赖以生存、繁衍的地球所在的太阳系相对宇宙而言是何等渺小。然而以人类目前的能力，我们所能探测的也就是这个小小的太阳系，因为现代火箭以每秒20千米的速度，到达距地球最近的恒星约需6.5万年，到天狼星约需13万年，只有接近光速的飞行速度才有可能实现有意义的太阳系以外的探测。

多年以来，人类隔着大气远距离观测行星，不能对行星进行深入研究。行星和行星际探测器为行星研究打开了新的局面。行星探测从20世纪50年代末就开始，80年代后期到90年代初各国又陆续发射了各种行星探测器。

美国和苏联是行星探测的主要力量，通过发射无人行星探测器，对太阳系内的太阳和八大行星进行了大量的勘测，极大提高了人类对太阳系的认识程度。

人类对其他行星的探索，始于地球的近邻——金星。美国于1960年3月11日率先向金星发射了行星探测器"先驱者5号"，然而却因为电池故障造成无线电通信中断，以失败告终。结果首次抵达金星的是苏联的"金星3号"，它于1966年3月1日在金星硬着陆成功，成为世界航天史上第一个到达行星的探测器。

长久以来，人们对火星可能存在生命一直寄予厚望，希望能够在近处考察它。1962年11月1日苏联捷足先登，发射了世界上第一个火星探测器—"火星1号"，迈出了探测火星的第一步。然而，在飞向火星的途中，因通信故障在距地球1.1亿米处与地球失去了联系。1964年11月28日，美国从卡拉维拉尔角将"水手4号"探测器送入了奔向火星的轨道。1965年7月15日，从离火星表面10 000千米处飞过，行程5亿多千米，成为第一个绕过火星的人造行星。"水手4号"携带电视摄像机，首次从火星附近向地球发回火星的详察图像。1971年5月28日，苏联从拜科努尔把"火星3号"送上太空，同年12月2日进入火星轨道，轨道舱在火星表面软着陆成功，成为航天史上第一个抵达火星的人类"使者"。

20世纪80年代末，美国发射了科学仪器更加先进的"麦哲伦号"金星探测器和"伽利略号"木星探测器；90年代，又发射了月球探测者、火星探路者、火星全球勘测者、彗星探测器等等。

可以预见，随着航天科技的突飞猛进，随着世界各国对探索宇宙奥秘、开发利用宇宙资源的重视，人类的行星际探测活动将越来越活跃，探测的目的、内容将更趋深入和明确，手段将更为完整和先进，宇宙探测将步入新的发展阶段。

"伽利略号"太空探测任务

1989年10月18日，由"阿特兰蒂斯号"航天飞机送入轨道的"伽利略号"木星探测器，是美国航天局第一个直接专用探测木星的航天器。伽利略木星探测计划始于1978年，最初计划于1982年1月发射，后因经费不足、飞行设计修改和航天飞机发射失败等原因而先后9次变动计划。致使发射一再推迟，研制经费高达13.6亿美元。

"伽利略号"探测器在美国东部时间2003年9月21日纵身"跳"入木星大气层，以一种近乎自杀的方式使自己焚毁，为长达14年的太空之旅画上了句号。

"快点走啊，'伽利略号'！"在地面控制人员的遥控下，重达2.5吨的探测器逐渐向木星靠近，然后飞入木星黑暗的背面。当天下午快4点的时候，"伽利略号"与地球的通信联系中断，几分钟后坠入木星大气层。

"伽利略号"的坠落速度据估计达到约每秒48千米。按照这一速度，从美国西海岸的洛杉矶到东部的纽约只需82秒。它与木星大气剧烈摩擦产生的高温基本将探测器焚毁殆尽。

美国宇航局原打算让"伽利略号"在环木星轨道上运行下去，但探测器有关木卫二上可能存在海洋的发现使专家们改变了想法。"伽利略号"的主要使命不是去外星寻找生命，在设计时探测器没有经过消毒处理。当它燃料即将用尽时，在木星引力的作用下轨道可能发生变化，并可能与木卫二相撞。理论上，探测器与木卫二相撞可能导致地球的微生物在木卫二上立足，这种情况将会影响未来在这颗卫星上寻找本土生命的工作。

美宇航局由此决定，在"伽利略号"燃料未完全用尽、还能控制运行轨道之时，让它葬身于木卫二之外的其他天体上，这个"安葬地"最终定为木星。

"伽利略号"的首要任务是要对木星系统进行为期两年的研究，而事实上，"伽利略号"从1995年进入木星的轨道直到2003年坠毁，它一共工作了8年之久。它环绕木星公转，约两个月公转一周。在木星的不同位置上，得到其磁层的数据。此外它的轨道也是预留作近距观测卫星的，在1997年12月7日，它开始执行其额外任务，多次近距在木卫一和木卫二上越过，最近的一次是于2001年12月15日，距卫星表面仅180千米。

由于木卫二的冰层下可能存在生命，未避免太空船撞向木卫二，令地球的细菌污染其环境，控制人员最终选择把"伽利略号"撞向木星。

在"伽利略号"的任务结束后，美国太空总署的下一个探测器命名为"木星冰月轨道器"。

"惠更斯号"探测器

"惠更斯号"是人类第一个登陆土卫六的探测器。"惠更斯号"任务是调查云、大气层、土星的卫星土卫六的表面地貌状况。"惠更斯号"被设计为能够突破进入土卫六的大气层，并且执行一系列机器人指令，展开降落伞到达土卫六表面。"惠更斯号"探测器系统包括降落在卫星表面的探测器，还有一个探测器支持系统（PSE），这个系统可以维持探测器运行于设定轨道上。PSE包括电子跟踪器件，登陆数据搜集恢复以及一个传输处理数据到轨道的传送器，数据将被传送到地球。

"卡西尼号"是"卡西尼—惠更斯号"的一个组成部分。"卡西尼—惠更斯号"是美国国家航空航天局、欧洲航天局和意大利航天局的一个合作项目，主要任务是对土星系进行空间探测。"卡西尼号"探测器以意大利出生的法国天文学家卡西尼的名字命名，其任务是环绕土星飞行，对土星及其大气、光环、卫星和磁场进行深入考察。

"卡西尼—惠更斯号"土星探测器是人类迄今为止发射的规模最大、复杂程度最高的行星探测器。"惠更斯号"探测器是"卡西尼号"携带的子探测器，它以荷兰物理学家、天文学家和数学家，土卫六的发现者惠更斯的名字命名，其任务是深入土卫六的大气层，对土星最大的卫星土卫六进行实地考察。

土星大气层环绕着美丽的光环和数十颗卫星，是一个迷人的世界。土星略小于木星，形成于40亿年以前，主要由气体组成。它也是已知唯一密度小于水的行星，也就是说，假如你能够将土星放入一个巨大的浴池之中，它可以漂浮起来。土星有强大的磁场和一个狂风肆虐的大气层，赤道附近的风速可达1 800千米/时。

在环绕土星运行的47颗卫星中间，土卫六是最大的一颗。土卫六比水星和月球还大，对于科学家们来说，独特且非常有趣，因为它是太阳系中唯一拥有浓厚大气层的卫星。

土星光环土星一向以美丽而壮观的光环而闻名，尽管它不是太阳系中唯一拥有光环的行星，但唯有土星光环能在地球上用小望远镜观测到。由数以亿计小如灰尘大如房子的冰块和石块组成的光环，以各自不同的速度环绕土星运行。土星的周围有数百条这样的光环，估计是接近土星时被撕碎的彗星、小行星或卫星的碎片。这些光环如此巨大，以致于它们几乎可以填满从地球到月球这样辽阔的空间。

几个世纪以来，土星及其光环困惑着观测它的人们，特别是意大利天文学家伽利略。伽利略是最先使用望远镜探索宇宙奥秘的人，但是他怎么也不明白为什么夜空中的土星在某些时候看上去不同——我们现在知道这一现象源自我们观察的位置和光环所在的平面之间的角度变化。正因为如此，当光环侧面朝向地球时，它就好像消失了一样。而几个月后，当观察角度改变以后，它们好像又会重新出现。自从伽利略的时代以来，尽管光学透镜的技术有了很大发展，但是仍然有许多疑问需要通过探索土星光环才能得以解决。

1997年10月15日从肯尼迪航天中心发射升空的卡西尼—"惠更斯号"飞船于2004年7月到达土星周围。这个项目由两部分组成："卡西尼号"轨道器将会环绕土星及其卫星运行四年之久，而"惠更斯号"探测器则会深入土卫六浓雾包围的大气层并在其表面着陆。安装在这两枚探测器上的精密仪器将会为科学家们提供帮助弄清这片神秘而辽阔的区域的重要数据。

"卡西尼–惠更斯号"是不同国家的三个航天局的协作成果。有17个国家参与建造了这艘飞船。"卡西尼号"轨道器由美国国家航空航天局下属的喷气推进实验室建造和管理。"惠更斯号"探测器由欧洲航天局建造。意大利航天局则为"卡西尼号"提供了用于通讯的高增益天线。来自世界各地总共超过200位科学家将会参与研究收集到的数据。

火星登陆计划

美国宇航局拟订了载人登陆火星的新计划，打算在2031年2月派宇航员远征火星。按照美国宇航局的新计划，重达400吨的载人飞船从地球飞到火星，将需六七个月的时间，加上在火星停留及返回，整个过程约需30个月。

载人飞船将由3到4枚新型重型运载火箭"战神5号"从地面发射到

地球低轨道后组装而成。"兵马未到，粮草先行"，宇航员登陆火星前，美国宇航局将分别于2028年和2029年向火星发射货运登陆舱和星面居住舱，为宇航员在火星上登陆和工作做准备。

"战神5号"正在研制当中，如果研制成功，这将是美国载荷最大的运载火箭。这种火箭使用先进的低温燃料推进剂，可把140吨载荷运送到地球低轨道，也可把大约70吨载荷运往月球。

美国宇航员登陆火星后，将在星面居住一段时间，最多可达16个月。期间，宇航员将使用核能为工作和生活提供所需的动力。由于火星没有空气和水，宇航员登陆火星时，将使用"密闭循环"生命维持系统，不断循环使用空气和水。为了在火星上长期生存，飞船还将种植一些蔬菜和水果，供宇航员食用。同时，也让宇航员有一种生活在地球上的感觉，有利于身心健康。

鉴于这将是人类最为复杂的太空远征，美国宇航局还计划在月球上对登陆火星进行预演，以确保万无一失。

对美国来说，如果宇航员在火星上登陆成功，将具有极大的军事价值，它意味着美军拥有了世界上最强大的太空巨型运载火箭，可以把一定数量的部队运到太空，组成威力非凡的"天军"。例如，太空巨型运载火箭可以帮助美军在距地球38万千米之远的月球建立军事基地。月球军事基地建成后，美军便可对全球任何国家展开侦察，也可对任何敌国实施突然袭击。不仅如此，美国天军还可以对敌国未来月球基地展开侦察和偷袭作战。

一旦宇航员登陆火星成功，也可以让美国在其他太空领域展开军事部署。这种太空军事部署几乎可以躲避地球上任何对手的监视和侦察，并对敌国在太空的各种飞行器展开攻击，包括军用卫星和飞船等。多年来，一些国家主要依靠太空卫星进行通讯和侦察，如果军用卫星被袭击，这些国家便很可能成为"聋子"和"瞎子"。

而对地球敌国的偷袭作战一旦展开，敌国战略目标很可能遭到毁灭性打击，包括战略导弹部队、指挥中心和大型军事基地等。例如，洲际导弹是一些国家最有战略威慑的武器。然而，洲际导弹部队很容易被太空美军发现，随时遭到致命空袭。届时，美国将成为全球拥有绝对优势战略导弹力量的国家。此外，由于"天军"可在太空中隐蔽部署，还能够快速穿越大气层奔袭，具有极大的战略威慑作用。

探测小天体

卫星是指在围绕行星轨道上运行的天然天体或人造天体。

月球就是最明显的天然卫星的例子。在太阳系里，除水星和金星外，其他行星都有天然卫星。太阳系已知的天然卫星总数（包括构成行星环的较大的碎块）至少有160颗。天然卫星是指环绕行星运转的星球，而行星又环绕着恒星运转。就比如在太阳系中，太阳是恒星，我们地球及其他行星环绕太阳运转，月亮、土卫一、天卫一等星球则环绕着我们地球及其他行星运转，这些星球就叫做行星的天然卫星。木星的天然卫星最多，其中17颗已得到确认，至少还有6颗尚待证实。天然卫星的大小不一，彼此差别很大。其中一些直径只有几千米大，例如，火星的两个小月亮，还有木星、土星、天王星外围的一些小卫星。还有几个比水星还大，例如，土卫六、木卫三和木卫四，它们的直径都超过5 200千米。

小行星是太阳系内类似行星环绕太阳运动的，是体积和质量比行星小得多的天体。

迄今为止，在太阳系内一共已经发现了约70万颗小行星，但这可能仅是所有小行星中的一小部分，只有少数小行星的直径大于100千米。20世纪90年代发现最大的小行星是谷神星，但近年在古柏带内发现的一些小行星的直径比谷神星要大，比如2000年发现的伐楼拿的直径为

900千米，2002年发现的夸欧尔直径为1 280千米，2004年发现的2004 DW的直径甚至达1 800千米。2003年发现的塞德娜位于古柏带以外，其直径约为1 500千米。

根据估计，小行星的数目大概可能会有50万。最大的小行星直径也只有1 000千米左右，微型小行星则只有鹅卵石一般大小。

彗星有着的长长的明亮稀疏的彗尾，在过去给人们这样的印象，即认为彗星很靠近地球，甚至就在我们的大气范围之内。1577年第谷指出，当从地球上不同地点观察时，彗星并没有显出方位不同，因此他正确地得出它们必定很远的结论。彗星属于太阳系小天体。每当彗星接近太阳时，它的亮度迅速地增强。对离太阳相当远的彗星的观察表明，它们沿着被高度拉长的椭圆运动，而且太阳是在这椭圆的一个焦点上，与开普勒第一定律一致。彗星大部分的时间运行在离太阳很远的地方，在那里，人们是看不见的，只有当它们接近太阳时才能见到。大约有40颗彗星公转周期相当短（小于100年），因此它们作为同一颗天体会相继出现。

历史上第一个被观测到相继出现的同一天体是哈雷彗星，牛顿的朋友和捐助人哈雷在1705年认识到它是周期性的。它的周期是76年。历史记录表明，自从公元前240年，也可能自公元前466年以来，它每次通过太阳时都被观测到了。它最近一次是在1986年通过的。离太阳很远时彗星的亮度很低，而且它的光谱单纯是反射阳光的光谱。当彗星进入离太阳8个天文单位以内时，它的亮度开始迅速增长并且光谱急剧地变化。科学家看到若干属于已知分子的明亮谱线。发生这种变化是因为组成彗星的固体物质（彗核）突然变热到足以蒸发，气体云包围彗核。太阳的紫外光引起这种气体发光。彗发的直径通常约为105千米，但彗尾常常很长，达108千米或1个天文单位。

"黎明号"探测器

美国宇航局在佛罗里达州卡纳维拉尔角空军基地成功发射了"黎明号"探测器，它飞赴火星和木星之间的小行星带，探测那里最大的两个天体———灶神星和谷神星。

按照计划，"黎明号"由火箭搭载升空后，将于2009年在火星附近脱离火箭独自前进。2011年至2012年，它将绕小行星带的灶神星运行9个月左右，随后将奔赴谷神星，从2015年开始围绕它运行，整个太空旅行的距离达50亿千米。 在此之前，航空界还从未尝试过用一个太空探测器考察两个天体并围绕它们运转。"黎明计划"之所以成功，可能要感谢离子发动机的出现。新型发动机将太阳能转化为电能，再通过电能电离惰性气体氙气的原子，产生时速14.32万千米的离子流作为推动力。在最初4天，它的时速将逐渐提高到96千米，12天后达到300千米，1年后将升至惊人的8 850千米，而届时消耗的燃料只有55.77升。

"黎明号"将于2011年首先探测小行星——灶神星，进行6个月的观测后离开，再于2015年赶到谷神星继续观测，整个太空旅行的距离长达48亿千米。灶神星和谷神星是火星和木星之间小行星带里个头最大的成员，科学家希望通过观测研究这两个天体，能够揭开太阳系诞生的线索。

不少科学家认为，小行星是处于萌芽期，是未得到机会成长起来的"行星婴儿"。谷神星、灶神星、智神星和婚神星被称为小行星带的"四大金刚"。

之所以选择灶神星和谷神星进行探测，不仅仅是因为它们个头较大，而且还因为它们与小行星带里的其他天体存在显著差别。灶神星和谷神星都形成于大约45亿年前，据估计，它们都形成于太阳系早期，并且由于木星的强大引力作用而演化迟缓。研究人员希望对比观测这两个天体的演化过程。

根据2006年8月国际天文学联合会提出的新定义，谷神星已经从小行星升格为矮行星，但美国宇航局没有改口，仍称"黎明号"为小行星探测器。

据"黎明号"探测器项目首席科学家鲁塞尔介绍，灶神星是与地球类似的岩状天体，太阳系中距太阳较近的天体大多为岩状天体。而谷神星则是典型的冰态天体，这类天体主要位于距太阳较远的轨道上。鲁塞尔说："这两个极不相同的天体竟然可以位于同一个小行星带中，这是'黎明号'需要揭示的奥秘之一。"

另外，利用"黎明号"上的同一套科学仪器探测两个不同目标，能便于科学家将两套探测数据进行准确的对比分析，并根据它环绕灶神星和谷神星的运行轨道数据，对比测算这两个天体的引力场等参数。

哈雷彗星探测器

1985年7月2日，欧洲空间局发射一个名叫"乔托号"的哈雷彗星探测器。它的外形是一直径1.8米、高3米的圆柱体，重950千克。飞行8个月后，于1986年3月14日从哈雷彗核中心607千米处掠过，拍摄了1 480张彗核照片。照片上显示的彗核形状凸凹不平、参差不齐，彗核长15千米、宽8千米，比"维加号"测得的数据大一些。

"乔托号"对哈雷彗星的探测具有重要价值。

大部分彗星都不停地围绕太阳沿着很扁长的轨道运行。循椭圆形轨道运行的彗星，叫"周期彗星"。公转周期一般在3年至几世纪之间。周期只有几年的彗星多数是小彗星，直接用肉眼很难看到。不循椭圆形轨道运行的彗星，只能算是太阳系的过客，一旦离去就不见踪影。大多数彗星在天空中都是由西向东运行。但也有例外，哈雷彗星就从东向西运行的。

哈雷彗星的平均公转周期为76年，但是你不能用1986年加上几个76年得到它的精确回归日期。主行星的引力作用使它周期变更，陷入一个又一个循环。非重力效果（靠近太阳时大量蒸发）也扮演了使它周期变化的重要角色。在公元前239年到公元1986年，公转周期在76.0（1986年）年到79.3年（451和1066年）之间变化。最近的近日点为公元前11年和公元66元。

哈雷彗星的公转轨道是逆向的，与黄道面呈18°倾斜。另外，像其他彗星一样，偏心率较大。

哈雷彗星在众多彗星中几乎是独一无二的，又大又活跃，且轨道规律明确。这使得飞行器瞄准起来比较容易。

深度撞击任务

"深度撞击号"在距离地球1.3亿千米的太空撞击彗星，第一次在太空制造了绚丽的人工天象。

经过172天和4.3亿千米的外层空间"围捕"之后，普通冰箱大小的"深度撞击号"撞击器成功到达并触及普通城市大小的"坦普尔1号"彗星。

撞击成功后，科学家初步分析出撞击一瞬间发生的故事：撞击器高速消失于彗星，并在其表面产生了一个巨大的闪光——这为安装在"深度撞击号"母船上的两个照相机提供了非常棒的光源。深度撞击项目的科学家将这次撞击理论化后认为，当两者以一个大约每秒10.2千米的相对速度撞击后，大约372千克重的撞击器在彗星表面深处蒸发了。

深度撞击项目组的飞行控制组分析了撞击器飞行的最后几个小时。在撞击器第一个用于方向控制的火箭点火之后，实时遥感勘测数据传来，它显示撞击器从彗星的轨道上移开了。

撞击产生的能量相当于4.5吨烈性炸药爆炸，使得彗星的亮度比正常情况下亮了6倍。撞击所创造的闪光带给深度撞击项目组一个视觉上的惊奇。而飞越了爆炸点之后的太空船(最接近时它飞到离彗星仅500千米的地方)继续连续传回图像和数据，对它们的初步评估更是提供了另一个令人惊异的、对彗星真相的窥视。

现在，撞击一发生，"彗星由坚硬的岩石构成"的猜测立时遇到了挫折——至少在这颗彗星上它不是这样，否则，撞击不可能扬起如此多的彗星组成物质。"脏雪球模型"得到了一次强有力的验证。

"深度撞击号"另一个任务，是希望得到关于太阳系早期物质状态的一些信息。

由于彗星没有地质运动，并主要来自于远离太阳、寒冷的柯伊伯带(太阳系海王星之外的部分，这里有为数众多的小行星等天体)，其内部很少发生化学反应，它的表层下因此可能含有太阳系原始的成分。科学家们希望能够触及彗星的核心部分，研究太阳和行星的起源。

项目还有一个间接任务，就是考证"生命起源于太空"这一说法的可能性。

一直以来，有相当一部分科学家都认为，组成原始生命的基本物质可能最早来自于太空。天文学家猜想，包括地球在内的太阳系行星，大约39亿年前可能都曾受到彗星的密集轰击，而不久后地球上就出现了生命，两者之间可能存在联系。

现在，借助于光谱分析方法，科学家已经发现了太空中的确存在多种有机分子。而"地球上的水分主要来自于太空"的说法得到了更多科学家的认同。

把有机分子、水分带给地球的主要载体就是彗星。这次撞击，将在一定程度上验证这一理论。当然，对于人类太空遥控技术的测试，也是这个项目的一个附属任务。

对于彗星的近距离探测，"深度撞击号"并不是第一次。

"深度撞击号"之后，真正引人注目的是正在旅途中的"罗塞塔号"。2004年3月，欧洲宇航局研制的"罗塞塔号"由库鲁航天中心发射升空。它将用10年的时间去追赶"丘留莫夫–格拉西缅科"彗星，并最终在彗星的上空停留，成为这颗彗星的人造卫星。

俄罗斯航天器发射场

俄罗斯共有四个航天发射场：拜科努尔航天发射场，普列谢茨克航天发射场，卡普斯金亚尔航天发射场，斯沃博德内航天发射场。前两个发射场用于载人发射。

拜科努尔航天发射场建于1955年，有90多套发射设施，是苏联规模最大的导弹试验和航天器发射基地，进行各种液体战略导弹、大型运载火箭、反导、反卫星等试验，发射倾角为52°~65°的各种卫星、载人和不载人飞船、各种星际探测器和空间站等。

拜科努尔发射场的工作重点是：发射载人飞船、卫星、月球探测器和行星探测器，进行各种导弹和运载火箭的飞行试验。另外，还进行拦截卫星和部分轨道轰炸系统的试验。从这里发射的航天器包括早期的卫星、射向火星、金星和月球的探测器，以及后来的"东方号""上升号""联盟号"等所有载人飞船和"礼炮号"航天站"暴风雪号"航天飞机。拜科努尔原来是卡拉干达州的一个矿业城市。

普列谢茨克航天发射场建于 1957 年，用来发射大倾角（65°～85°）侦察、通信、导航、气象、海洋监视等卫星，建有 30 多套发射设施，是重要的军用卫星发射基地，也是目前世界上发射卫星最多、最繁忙的一个基地，也为反卫星试验发射和拦截卫星，进行固体洲际导弹和战术导弹试验。发射主要型号："东方号""联盟号""闪电号""宇宙号"等。普列谢茨克发射场最初是保密的。一位叫杰弗里·佩里的英国教师和他的学生们发现了普列谢茨克发射场的存在，他们仔细分析了苏联于 1966 年发射的"宇宙-112"卫星的轨道，推断出它不可能是从拜科努尔发射的。冷战结束后公布的档案显示，CIA 早在 1950 年代末就怀疑普列谢茨克地区有一座导弹发射设施。苏联政府直到 1983 年才公开了普列谢茨克发射场。由于处于较高纬度的地理位置，普列谢茨克不适合用来发射小倾角卫星和地球同步轨道卫星。此外，较高的纬度也影响了火箭的运载能力。该发射场主要用于发射具有大倾角的极轨卫星。普列谢茨克发射场现在可以发射"联盟号""宇宙-3M""呼啸号"和"旋风号"等类型的运载火箭。而俄罗斯用于国际商业发射服务的主力火箭"质子号"和"天顶号"则不能从这里发射。普列谢茨克也仍然作为俄军战略火箭部队的发射场，2007 年俄军在这里试射了一枚 RS-24 洲际导弹。俄罗斯航天部门已决定其新一代主力运载火箭"安加拉号"主要在普列谢茨克发射。

美国航天发射中心

美国主要的航天发射中心有两个：卡纳维拉尔角发射场和范登堡空军基地。卡纳维拉尔角发射场位于东海岸佛罗里达州卡纳维拉尔角，范登堡空军基地设在西海岸加利福尼亚州。

前者包括美国空军的东靶场和肯尼迪航天中心，后者为西靶场。

卡纳维拉尔角发射场设在美国东海岸佛罗里达州的卡纳维拉尔角，位于杰克逊维尔和迈阿密之间，地理坐标是北纬28.5°，西经81°。

卡纳维拉尔角一带偏僻，人烟稀少，便于保安，自然条件好。平均气温为22.5℃，8月份最热，全年大部分月份湿度大，平均降雨量为1041.4毫米。

发射场纬度较低，向东发射火箭，可利用地球自转附加速度，有助于卫星入轨。

沿东南方向的海空运输几乎不受任何影响，附近的海岛还可用做跟踪站。

在佛罗里达州建立发射场的建议于1947年6月提出。1950年7月，首次发射了一枚A-4/WAC下士火箭。此后，又进行过多次运载火箭的发射工作，包括宇宙神火箭、大力神火箭、宇宙神——阿金纳火箭、侦察兵火箭、土星5火箭、土星1B火箭等。从卡角进行的航天器发射任务，包括了美国所有向地球同步轨道的发射任务。从这里还发射过阿波罗飞船、天空实验室、不载人行星和行星际探测器、科学、气象、通信卫星等。因此，卡纳维拉尔角是美国宇航局的载人与不载人航天器进行飞行前试验、测试、总装和实施发射的重要基地。

范登堡空军基地设在美国加利福尼亚州南部海边，位于阿圭洛角的正北部。地理坐标是北纬34°37′，西经120°35′，海拔高度为10 972米。

范登堡基地最初被称为坎普·库克基地，1957年被选作导弹基地，1958年改名为范登堡空军基地。

该基地是一个干燥、荒芜的地方，有许多峡谷、沙丘、黏土地和沙砾层。该基地面积27 972平方千米，包括有5 149千米的海岸线。

由于范登堡基地的地理位置的原因，它可以向西发射高倾角轨道和极轨道卫星。

该基地于1958年12月发射了第一枚导弹——"雷神"中程弹道导弹。之后不久，又发射了第一枚洲际导弹——"宇宙神D"。还使用"雷神-阿金纳"火箭发射了世界上第一颗极轨道卫星——"发现者1号"。1972年被选作美国西海岸的航天飞机发射基地。1979年开始着手改建，1985年竣工。

选择范登堡空军基地作为美国继卡纳维拉尔角后的第二个航天飞机发射场有如下几个方面的原因：

1.从地理位置考虑。范登堡空军基地位于北纬34°37′,西经120°35′,向西发射,发射方位为140°~121°,轨道倾角为56°~104°,向正南还可以进行极轨道发射，正好弥补了肯尼迪航天中心只能向东发射的不足。

2.可以最大限度地利用原发射基地的大多数地面设施。

3.航区往西或西南延伸，跨过太平洋，避开了人口稠密区和工业城市，测量和监控环境好，测量、跟踪站设在加利福尼亚州海岸、夏威夷及太平洋诸岛上。

4.交通便利，航空、铁路、公路、海运都很畅通。

5.气候温和，降雨较少，有利于空间发射。

范登堡空军基地的航天发射设施的种类与卡纳维拉尔角的差不多。自1959年发射"发现者1号"以来,在范登堡发射的火箭已将450多颗卫星送入极轨道，这些卫星覆盖了地球的绝大部分地区，并执行外大气层实验、气象预报、地球资源探测、导航辅助及军事任务。

法国库鲁航天发射场

法国库鲁航天发射场位于南美洲北部大西洋海岸的法属圭亚那，占地约90 600平方千米，属法国空间研究中心领导，主要负责科学卫星、应用卫星和探空火箭的发射以及与此有关的一些运载火箭的试验和发射。库鲁发射场也称圭亚那航天中心，是目前法国唯一的航天发射场，也是欧空局(ESA)开展航天活动的主要场所。它位于南美洲北部法属圭亚那中部的库鲁地区，在沿大西洋海岸的一片狭长草原上。由于发射场紧靠赤道，对发射静止卫星极为有利。库鲁发射场1966年动工兴造，1971年建成，共耗资5.2亿法郎。早期仅进行探空火箭和"钻石号"运载火箭发射。1979年12月"阿里安那"运载火箭在这里首次发射成功，至今该系列发射成功率已达90%以上，独揽了全球一半以上的卫星发射市场。由于此地靠近赤道，对火箭发射具有很大益处：纬度低，从发射点到入轨点的航程大大缩短，三子级不必二次启动；相同发射方位角的轨道倾角小，远地点变轨所需要的能量小，增加了同步轨道的有效载荷；向北和向东的海面上有一个很宽的发射弧度。

发射场的各种设施沿大西洋海岸分布在库鲁和辛纳马里之间18千米长的狭长区内。该地位于西经52°37'、北纬5°08'处，靠近赤道，地理位置优越，面向大西洋从北到东可延伸形成一个-10.5°到+93.5°的发射扇形区，非常适合把卫星送入地球同步转移轨道。该基地不仅负责在发射活动期间提供所有的后勤支援，而且负责管理跟踪遥测网和人员的安全以及设施的防护。它由法国航天中心领导，与欧洲空间局共管，而由阿里安那航天公司使用。该公司还负责维护处于工作状态下的发射设施。

库鲁航天发射场是被公认为世界最佳的火箭发射地点。相对处于东经63°20'、北纬46°的拜科努尔发射场的地理位置来讲，它基本上可以最大限度地利用地球赤道处的每秒463米的自转速度，从而在发射相同重量的有效载荷时，能够减少火箭的能源耗费。就同一种运载火箭而言，从库鲁发射比从拜科努尔发射的运载量可增加70%，能大大提高运送能力。这也就是它被俄航天部门青睐和看中的原因和道理。

日本空间科学技术

　　随着日本空间科学和应用技术的发展，日本已拥有两个航天发射中心——鹿儿岛航天中心与种子岛航天中心。它们都位于日本南部。

　　日本鹿儿岛航天中心隶属于日本宇宙科学研究所，是日本探空火箭和科学卫星运载火箭发射场。1962年2月，该研究所在鹿儿岛县的内之浦附近选中一个多山丘而人口稀少的地区作场址，并开始兴建，1963年12月投入使用。1965年，鹿儿岛航天中心已拥有发射卡帕和兰姆达固体燃料探空火箭的全套设施。1970年2月11日，用兰姆达4S-5火箭把日本的第一颗技术卫星（24千克重的"大隅号"卫星）送入轨道。此后，科学卫星的发射率大约为每年一颗。自1964年以后，发射场进行了扩建，以发射推力更大的运载火箭。

　　种子岛航天中心。隶属于日本宇宙开发事业团，是日本应用卫星发射中心。它位于种子岛的东南端，在鹿儿岛航天中心以南约100千米处，航天中心的总面积约为8.65平方千米。该岛属亚热带气候，年平均气温19.5℃。

　　种子岛航天中心主要由竹崎发射场、大崎发射场以及吉信综合发射场组成。

　　竹崎发射场于1966年9月开始营建，1968年投入使用。该发射场占地面积约0.79平方千米，位于北纬30°22′20″，东经130°57′55″。主要用来发射小型卫星。该发射场的主要设施有发射台、发射控制室、装配车间、综合测试车间、气象观测室、固体火箭点火试车台、推进剂库、跟踪站等。

　　大崎发射场于1969年开始营建，1980年全部建成，占地面积约7.6

平方千米，位于北纬30°23′38″，东经130°58′22″。该发射场主要用来发射大型液体火箭，如N火箭和H-1火箭。1975年9月，第一枚H-1火箭从这里起飞，把83千克重的菊花卫星送入轨道。

大崎发射场的发射设施主要包括发射台、控制中心、火箭总装车间、推进剂贮存库、发动机静态点火试车台、气象台等。

吉信发射场于1985年开始兴建，1986年底勤务塔基础工程基本结束，1988年8月建成发射控制中心，1988年12月建成LE-7发动机点火试验设施。测控中心、动力站、液氧、液氢以及高压气体库等也相继建成。该发射场位于大崎发射场东北方向约1 000米处，是为适应H-2新型运载火箭的发射而兴建的。

筑波跟踪中心站位于东京以北约80千米处，不仅是日本卫星跟踪与控制网的中心站，而且是日本运载火箭与卫星的总试验中心，它与胜浦（东京以南）、冲绳、增田（种子岛航天中心附近）以及内之浦（属鹿儿岛航天中心）的跟踪与数据测量站联网工作。此外，宇宙开发事业团还有两个下靶场跟踪站：一个是固定跟踪站，设在父岛（小笠原群岛）；另一个是移动跟踪站，根据不同的任务可设在马绍尔群岛的夸贾林岛或圣诞岛。圣诞岛跟踪站只用于地球同步轨道卫星的跟踪任务。

中国航天发射场

航天发射场是为保障航天器及运载器（如卫星、飞船、火箭等）的装配、发射前准备、发射、弹道测量、发送指令以及接收和处理遥测信息而专门建造的一整套地面设备、设施和建筑。

我国航天发射场的建设始于20世纪50年代，为适应"两弹一星"工程需要而建。1958年在现酒泉卫星发射中心建成我国第一个近程火箭发射工位，1966年建成第一个中程火箭发射工位，1970年以"长征1号"火箭为运载工具发射了我国第一颗"东方红1号"卫星。1979年，在现太原卫星发射中心建成第一个远程火箭发射工位。1983年，在现西昌卫星发射中心建成用"长征3号"运载火箭发射"东方红2号"卫星的全部工程。1990年，为适应发射外国卫星需要，在西昌卫星发射中心建成可满足"长征2号"捆绑式大推力运载火箭的第二发射工位。1998年，在酒泉卫星发射中心建成采用"三垂一远"测发模式，以垂直总装测试厂房为核心的载人航天发射场。2003年，在酒泉卫星发射中心建成我国第一个钢筋混凝土结构综合测试发射工位。

我国有四个卫星发射中心，有酒泉卫星发射中心、西昌卫星发射中心、太原卫星发射中心和文昌卫星发射中心。

西昌卫星发射中心（XSLC）又称"西昌卫星城"，始建于1970年，它是以主要承担地球同步轨道卫星的发射任务的航天发射基地，担负通信、广播、气象卫星等试验发射和应用发射任务。在中国目前的三大卫星发射中心中，功能比较齐全，设备比较完善，既能发射采用低温推进剂的"长征2号"系列运载火箭，又能发射运载能力较大的捆绑火箭。

太原卫星发射中心发射中心始建于1967年。目前，已建成具有多功能、多发射方式，集指挥控制、测控通信、综合保障系统于一体的现代化发射场，航天发射综合能力实现了每年执行一次发射任务到每年执行10次以上高密度火箭卫星发射任务的跃升。中心先后成功地发射了我国第一颗太阳同步轨道气象卫星"风云1号"，第一颗中巴"资源1号"卫星，第一颗海洋资源勘察卫星等，创造了我国卫星发射史上的九个第一。

酒泉卫星发射中心位于中国西北部内蒙古阿拉善盟与甘肃省酒泉市之间，酒泉卫星发射中心是科学卫星、技术试验卫星和运载火箭的发射试验基地之一，是中国创建最早、规模最大的综合型导弹、卫星发射中心，也是中国唯一的载人航天发射场。在载人航天飞行任务中，酒泉卫星发射中心主要承担发射场区的组织指挥，实施火箭的测试、加注、发射，逃逸塔测试，整流罩测试，人船箭地联合检查，船箭塔对接和整体转运，提供发射场区的气象、计量和技术勤务保障，并在紧急情况下组织实施待发段航天员撤离及逃逸救生。

文昌卫星发射中心不仅具有良好的海上运输条件，而且火箭航区和残骸落区安全性好。建设新发射场，是为了适应我国航天事业可持续发展战略，满足新一代无毒、无污染运载火箭和新型航天器发射任务需求。新发射场建成后，主要承担地球同步轨道卫星、大质量极轨卫星、大吨位空间站和深空探测卫星等航天器的发射任务。

中国"神舟"飞天历程

1999年11月20日至21日，中国成功发射"神舟一号"飞船，进行了第一次无人飞行试验，主要目的是考核运载火箭的性能和可靠性，同时，验证飞船返回、控制等主要关键技术和系统设计的正确性。

2001年1月10日至16日，中国成功发射"神舟二号"飞船，进行了第二次无人飞行试验，主要目的是对工程总体和各系统从发射到运行、返回、留轨的全过程进行全面考核，进一步检验总体技术方案和各系统技术方案的正确性和匹配性。

2002年3月25日至4月1日、2002年12月30日至2003年1月6日，中国先后成功发射"神舟三号""神舟四号"飞船，进行了第三、第四次无人飞行试验。火箭逃逸、飞船应急救生等功能均为真实状态，飞行技术状态与载人飞行状态一致。

2003年10月15日至16日，中国成功进行了首次载人航天飞行，中国航天员杨利伟乘坐"神舟五号"载人飞船在太空运行14圈，历时21小时23分，顺利完成各项预定操作任务后，安全返回主着陆场。

2005 年 10 月 12 日至 16 日，中国成功进行了第二次载人航天飞行，中国航天员费俊龙、聂海胜乘坐"神舟六号"载人飞船在太空运行 76 圈，历时 4 天 19 小时 33 分，实现多人多天飞行并安全返回主着陆场。

2008 年 9 月 25 日至 28 日，中国成功进行了第三次载人航天飞行，航天员翟志刚、刘伯明、景海鹏乘坐"神舟七号"载人飞船在太空运行 45 圈，历时约 68 个小时，航天员翟志刚首次在太空进行了太空行走。在飞行中，"神舟七号"还放出伴飞小卫星来拍摄"神舟七号"的图片。"神舟七号"最终在 2008 年 9 月 28 日下午成功在主着陆场回收。

而后，2011 年、2012 年、2013 年、2016 年、2021 年又分别发射了神舟八号、九号、十号、十一号、十二号。

"神舟"飞船的构成：

轨道舱："多功能厅"。

"神舟"飞船的轨道舱是一个圆柱体，总长度为 2.8 米，最大直径 2.25 米，一端与返回舱相通，另一端与空间对接机构连接。"神六"的轨道舱之所以被称为"多功能厅"，是因为两名航天员除了升空和返回时要进入返回舱以外，其他时间都在轨道舱里。轨道舱集工作、吃饭、睡觉、盥洗和方便等诸多功能于一体。

逃逸塔：保飞船安全。

逃逸救生塔位于飞船的最前部，高 8 米。它本身实际上就是由一系列火箭发动机组成的小型运载火箭。在运载飞船的火箭起飞前 900 秒到起飞后 160 秒期间火箭运行距离在 0~100 千米，一旦发生紧急情况，这个救生塔将紧急启动，拽着"神舟六号"飞船的返回舱和轨道舱与火箭分离，迅速逃离险地，并利用降落伞降落到安全地带。

留轨舱：航天员的"家"。

轨道舱也叫工作舱。其外形为两端带有锥角的圆柱体，它是航天员的"太空卧室"兼"工作间"。它还兼有航天员生活舱和留轨实验舱两种功能，所以也称留轨舱。轨道舱里面装有多种试验设备和实验仪器，可进行对地观测，其两侧装有可收放的大型太阳能电池帆翼、太阳敏感器和各种天线以及各种对接结构，用来把太阳能转换为飞船的能源、与地面进行通信等。作为航天员的"太空卧室"，轨道舱的环境很舒适，舱内温度一般在17℃~25℃之间。

返回舱：航天员的"驾驶室"

返回舱又称座舱，它是航天员的"驾驶室"。是航天员往返太空时乘坐的舱段，为密闭结构，前端有舱门。"神舟六号"完成绕地飞行任务后，两名航天员乘坐返回舱回归地球。

推进舱又叫仪器舱。通常安装推进系统、电源、轨道制动，并为航天员提供氧气和水。推进舱的两侧还装有面积达20多平方米的主太阳能电池帆翼。

太空生活趣事

太空充满了神秘的色彩，它总会让人有无限的遐想。宇航员就好像代替了人们去接近这个神秘的地方，他是人们心目中的英雄。然而，太空中的生活究竟是什么样的呢？

吃——最容易的事变得复杂奇妙

吃饭、喝水对于生活在地球上的人来说，是一件再平常不过的事了，但在失重环境下的太空生活，宇航员的饮食就变得十分复杂而且特别奇妙。可以说，宇航员的营养需求、食品制备、供给和他们的进食方式等都有一定的特殊性，与他们在地面生活的饮食有着很大的不同。

穿——一件衣服价值千万美元

人们对于服装的认识往往只局限于其蔽体、保暖、美观、大方等特点，可是当人类进入太空就会发现，航天服的作用早已超出了传统范畴。因为，太空接近真空的压力环境、极端的温度环境，缺乏生命所需的氧气，空间阴尘、空间碎片和空间辐射的威胁等，都需要航天服为宇航员在太空的生活和工作，提供一个良好的防护和保障系统。

谈到航天服，不能不讲一下"太空喷气背包"。这种背包高约 1.25 米，宽约 830 毫米，总重 150 千克，内装 12 千克液氮，共有 24 个喷嘴。它像一把没有座位的椅子，安在宇航员的背上。宇航员可以通过扶手上的开关控制 24 个微型喷嘴，喷射出背包里的压缩氮气，从而形成各个方向大小不同的反推力，实现不同方向的移动。有了这种喷气背包，宇航员就能在茫茫太空中随心所欲地翻筋斗、旋转、向上、向下、向前、向后地自由移动了。

住——密舱生活考验技巧

宇宙环境是极为恶劣的，对人体有害的主要因素是高真空、高缺氧、宇宙辐射、温度差异等。在这样的环境中宇航员是无法生存和工作的。于是，科学家研制出了一种与外界隔绝的密闭环境座舱用来保护宇航员。

供宇航员居住、生活和工作的密闭舱是宇宙飞船上的一个主要部分，是保证宇航员身体健康的环境控制与生命保障系统。生命保障系统最为重要的是供水系统。它的主要任务是供给宇航员生活用水和饮食用水。密闭舱是一个狭小的环境，必须对不断产生的污染物加以净化，以维持舱内空气新鲜，保证宇航员的身体健康。

行——防止成为茫茫太空的人体卫星

1965 年 3 月 18 日，苏联宇航员列昂诺夫离开"上升 2 号"飞船密闭舱，系着安全带第一次到茫茫太空中行走，开创了人类太空行走的先例。然而太空行走与人们在地面上的行走不能相提并论，其困难程度是常人难以想象的，需要诸多的特殊技术保障措施。

太空生活看似有趣，实际上是对宇航员生存技巧的一大考验。看来要做个太空人，享受一下与地球人不一样的生活，还真不是件容易事。

世界航天科技的未来

中国是世界上继俄罗斯和美国之后第三个拥有将航天员送上太空能力的国家，这对中国这个日益发展的国家而言是一个巨大的国家荣誉，"神六""神七"飞船的成功发射和返航无疑为中国下一步太空探索行动打下了坚实的基础。

美国在航天事业的成就是有目共睹的。20世纪六七十年代实现了宇航员登月似乎远远不够，美国航空航天局还雄心勃勃地重申了自己的再次登月计划。而登月只不过是美国未来航天计划的前奏，好戏还在后面。

虽然在太空战场上，美国表现得很英勇，但是在国际空间站的建设上，美国却当了"逃兵"。由于航天飞机接连出事，美国暂停了对国际空间站的货物供给和宇航员输送。相对于美国的"逃兵"行径，同为国际空间站发起国和建设国的俄罗斯就颇显责任感。在俄罗斯2006年至2015年联邦航天计划草案中，俄罗斯方面就明确提及，未来10年内，建设国际空间站仍然是俄罗斯主要航天计划之一。

和其他航天势力不同的是，欧洲空间局太空探索重点不在载人航天上，而是一系列深空探测计划。作为太空中一支越来越惹人注目的奇葩，欧洲空间局向深空迈进的脚步正在把同行们甩得越来越远。

在发展中国家里，印度的航天事业脚步比较快。单就卫星发射而言，虽然发射卫星数量不是很多，但是发射成功率却极高，这使得印度成功挤入卫星发射市场。而印度未来最大的航天梦想就是赶超中国。

虽然日本的航空航天技术不像其经济技术一样引人注目，但是其在航天事业里做出的种种举动却令人不得不关注。日本宇宙航空研究开发机构宣布了其航天发展长期计划的制定，其中甚至包括开发载人航天飞行和2025年建立月球研究基地的构想。

西方航天战略家预言：在21世纪，一个国家对航天能力的依赖，可以和上世纪一个国家对于电力和石油的依赖相比拟。太空将成为愈来愈重要的关系国家利益的新疆域。